Bien débuter en mathématiques

Espaces Vectoriels, Applications Linéaires

L1, L2, L3
Classes préparatoires
CAPES

Jean-Jacques COLIN et Jean-Marie MORVAN

Jean-Marie MORVAN
Directeur de Collection

CÉPADUÈS-ÉDITIONS
111, rue Nicolas-Vauquelin
31100 TOULOUSE – France
Tél. : 05 61 40 57 36 – Fax : 05 61 41 79 89
(de l'étranger) + 33 5 61 40 57 36 – Fax : + 33 5 61 41 79 89
www.cepadues.com
Courriel : cepadues@cepadues.com

Chez le même éditeur

Collection Bien maîtriser les mathématiques

Introduction à la Topologie. Espaces topologiques, métriques, normés .... *Sondaz D., Morvan R.*
Limites, applications continues, espaces complets .... *Sondaz D., Morvan R.*
Compacité, Connexité : Introduction à la Topologie .... *Sondaz D.*
Espaces vectoriels normés banachiques et hilbertiens .... *Sondaz D.*

Collection Bien débuter en mathématiques

Ensembles, Relations, Applications, Dénombrement .... *Cintract B., Colin J.-J., Morvan R.*
Structures Algébriques Élémentaires, Arithmétique .... *Colin J.-J., Morvan J.-M., Morvan R.*
Nombres réels, Suites .... *Colin J.-J., Morvan J.-M., Morvan R.*
Nombres complexes, Fonctions rationnelles .... *Zafindratafa G.*
Nombres complexes, polynômes et fractions rationnelles .... *Colin J.-J., Morvan J.-M.*
Limites, Fonctions continues, Fonctions dérivables .... *Colin J.-J., Morvan J.-M., Morvan R.*
Fonctions usuelles .... *Colin J.-J.,Morvan J.-M., Morvan R.*
Formules de Taylor, Développements limités .... *Colin J.-J.,Morvan J.-M., Morvan R.*
Intégration - Calcul des primitives .... *Colin J.-J., Morvan J.-M., Morvan R.*
Séries numériques .... *de Segonzac M., Monna G.*
Suites et Séries de Fonctions .... *Monna F, Monna G.*
Espaces vectoriels, matrices .... *Zafindratafa G., Morvan R.*
Espaces Vectoriels, Applications Linéaires .... *Colin J.-J., Morvan J.-M.*
Matrices, Déterminants .... *Colin J.-J., Morvan J.-M.*
Réduction des endomorphismes .... *Boucetta M., Morvan R.*
Dualité, Formes quadratiques, Formes hermitiennes .... *Boucetta M., Morvan R.*
Topologie des espaces vectoriels normés .... *Colin J.-J., Morvan J.-M., Morvan R.*
Probabilités discrètes .... *Morvan J.-M. et R.*
Problèmes de mathématiques tome 1, tome2, tome 3 .... *Monna G., Morvan R.*

Collection Pratiques mathématiques

Polynômes orthogonaux et transformations intégrales .... *Groux R.*
Principes généraux et méthodes fondamentales .... *Groux R.*
Autour des Dérivées .... *Groux R*
Analyse : la convergence vue par les problèmes .... *Groux R., Soulat P.*
Algèbre : structures et morphismes vus par les problèmes .... *Groux R., Soulat P.*
Les Fonctions Spéciales vues par les problèmes .... *Groux R., Soulat P.*

ISBN : 978.2.85428.959.6

Dépôt légal : février 2011

Avant-Propos

La collection *Bien Débuter en Mathématiques* se compose d'une série de fascicules d'exercices et de problèmes adaptés aux programmes de mathématiques des premières années de l'enseignement supérieur. Le présent ouvrage est consacré aux fondements de l'algèbre linéaire. Il s'adresse aux étudiants des premières années de l'Université (L1, L2, L3), à ceux des classes préparatoires aux Grandes Ecoles ainsi qu'aux étudiants qui préparent le C.A.P.E.S. de Mathématiques.

Les rappels de cours et les exercices

La lecture de ce fascicule nécessite que soient requises les notions fondamentales relatives à la théorie des ensembles et aux structures algébriques élémentaires, ainsi que les propriétés élémentaires des nombres réels et complexes. Dans les exercices, il sera également fait appel aux divers thèmes développés dans l'enseignement secondaire. Le niveau de ce livre est donc supérieur à celui de l'ouvrage très pédagogique de Georges Zafindratafa, *Espaces Vectoriels, Matrices* dans la même collection, qui s'adresse à des lecteurs débutants. Pour un cours complet d'algèbre linéaire, le lecteur pourra consulter l'excellent livre *Algèbre Linéaire* de Joseph Grifone, chez le même éditeur.

Cet ouvrage expose de manière précise les notions fondamentales d'espace vectoriel et d'application linéaire. Chaque chapitre contient un rappel de cours conséquent et une liste d'exercices, chacun d'entre eux étant suivi d'une solution détaillée et rédigée avec soin. Nous avons retenu les types d'exercices qui reviennent immanquablement dans les sujets d'examen et de concours, en nous attachant à mettre en évidence les raisonnements utilisés.

Une méthode ... vers l'auto-formation

Classés dans chaque section par ordre de difficulté croissante, les exercices permettront au lecteur de tester son niveau et sa progression. Les rappels de cours viennent en appui de ce dispositif. S'ils ne remplacent évidemment pas un cours complet, ils servent de référence systématique dans les solutions des exercices. De ce fait, le lecteur peut acquérir de façon autonome les bases des connaissances indispensables à la poursuite de ses études. Si le sujet le passionne, (ce qui est le but de notre entreprise), il aura tout loisir de l'approfondir.

Les Auteurs

Table des matières

Chapitre 1

Espaces vectoriels

1.1 Rappels de cours

Dans tout ce qui suit, on désigne par $(K, +, .)$ un corps commutatif. Les éléments de K seront, sauf mention expresse du contraire, désignés par des petites lettres grecques. Les éléments neutres des lois de composition internes + et . seront respectivement notés 0 et 1.

1.1.1 Définitions et propriétés générales

Définition 1 *Soit* $(E, +)$ *un groupe commutatif dont l'élément neutre est noté* 0_E *et soit*

$$\begin{aligned} l\ :& K \times E \longrightarrow E \\ &(\lambda, x) \longrightarrow \lambda x \end{aligned}$$

une application telle que pour tous $x \in E, y \in E, \lambda \in K, \mu \in K$, *on ait*[1] :

$$\begin{aligned} &(L_1) \qquad \lambda(x+y) = \lambda x + \lambda y, \\ &(L_2) \qquad (\lambda+\mu)x = \lambda x + \mu x, \\ &(L_3) \qquad (\lambda.\mu)x = \lambda(\mu x), \\ &(L_4) \qquad 1x = x. \end{aligned}$$

Le triplet $(E, +, l)$ *s'appelle un* espace vectoriel sur *le corps* $(K, +, .)$ *(ou* K-espace vectoriel*).*

Les éléments de K sont appelés *scalaires* et ceux de E sont appelés *vecteurs.* Ces derniers seront, sauf mention expresse du contraire, désignés par des petites lettres latines.

Le lecteur aura remarqué que, pour ne pas alourdir les notations, le même symbole + est utilisé (abusivement bien sûr) aussi bien pour l'addition des

1. Une telle application est appelée loi de composition externe sur E ayant K comme domaine d'opérateurs.

vecteurs de E que pour l'addition des scalaires de K. Nous espérons qu'il portera suffisamment d'attention au contexte pour repérer dans chaque cas sans ambiguïté de quelle addition il s'agit. De même, si $x \in E$, son symétrique pour l'addition sera encore noté $-x$ et appelé opposé du vecteur x.

Enfin, dans toute la suite de notre exposé, toujours pour ne pas alourdir le texte, la phrase *"Soit $(E, +, l)$ un espace vectoriel sur le corps $(K, +, .)$"* **sera tout simplement remplacée par** *"Soit E un espace vectoriel sur K"*, **ou encore** *"Soit E un K-espace vectoriel"*.

Des axiomes ci-dessus résultent quelques règles de calcul très simples que nous allons exposer ci-dessous.

- Pour tout $\lambda \in K$, on a :
$$\lambda 0_E = 0_E.$$
- Pour tout $x \in E$, on a :
$$0x = 0_E.$$
- Pour tout $\lambda \in K$ et pour tout $x \in E$, on a :
$$(-\lambda)x = -(\lambda x) = \lambda(-x).$$
- Soit $\lambda \in K, \lambda \neq 0$. Alors, pour tous $x, y \in E$, on a :
$$\lambda x = \lambda y \Longleftrightarrow x = y.$$

Exemples -

1. **Le corps $(K, +, .)$ est un espace vectoriel sur lui-même, l'addition de $(K, +, .)$:**
$$(\lambda, \mu) \longrightarrow \lambda + \mu$$
jouant le rôle de l'addition des vecteurs, et la multiplication de $(K, +, .)$:
$$(\lambda, \mu) \longrightarrow \lambda.\mu$$
jouant le rôle de la loi de composition externe.
2. **Si L est un sous-corps d'un corps $(K, +, .)$, K est un espace vectoriel sur L, l'addition des vecteurs étant celle de $(K, +, .)$ et la loi externe étant la restriction à $L \times K$ de la multiplication de $(K, +, .)$. Ainsi, $\mathbb{C}$ peut être vu comme espace vectoriel sur $\mathbb{R}$ et $\mathbb{R}$ peut également être considéré comme espace vectoriel sur $\mathbb{Q}$.**
3. **Un exemple particulièrement important d'espace vectoriel, qui jouera un grand rôle dans les chapitres consacrés aux matrices est le suivant : Soit $n \in \mathbb{N}^*$. On désigne par K^n l'ensemble des n-uplets $x = (\xi_1, \xi_2, ..., \xi_n)$ d'éléments de K. Si**
$$x = (\xi_1, \xi_2, ..., \xi_n) \text{ et } y = (\eta_1, \eta_2, ..., \eta_n)$$

sont des éléments de K^n, et si $\lambda \in K$, on pose :

$$x + y = (\xi_1 + \eta_1, \xi_2 + \eta_2, ..., \xi_n + \eta_n),$$
$$\lambda x = (\lambda.\xi_1, \lambda.\xi_2, ..., \lambda.\xi_n).$$

Il est facile de vérifier que, muni des lois de composition ainsi définies, K^n est un espace vectoriel sur K, dont le vecteur nul est :

$$0_{K^n} = (0, 0, ..., 0).$$

Posons en outre :

$$e_1 = (1, 0, ..., 0), \quad e_2 = (0, 1, ..., 0), ... \quad ..., e_n = (0, 0, ..., 1).$$

Il est clair que si $x = (\xi_1, \xi_2, ..., \xi_n)$ est un vecteur de K^n, x s'écrit

$$x = \xi_1 e_1 + \xi_2 e_2 + ... + \xi_n e_n,$$

cette écriture, comme on le verra plus loin, étant la seule de ce type.

4. **L'ensemble $K[X]$ des polynômes à coefficients dans K, muni de l'addition usuelle des polynômes et de la multiplication des polynômes par un élément de K est un espace vectoriel sur K.**
5. **Soient X un ensemble et $(E, +, l)$ un espace vectoriel sur K. Désignons par $\mathcal{F}(X, E)$ l'ensemble des applications de X vers E. Si f et g sont des éléments de $\mathcal{F}(X, E)$ et si $\lambda \in K$, on définit la somme $f + g$ et le produit λf, en posant pour tout $x \in X$:**

$$(f + g)(x) = f(x) + g(x),$$
$$(\lambda f)(x) = \lambda f(x).$$

L'ensemble $\mathcal{F}(X, E)$, muni des lois de composition ainsi définies est un espace vectoriel sur K.

Définition 2 *Soit $(A, +, l)$ un espace vectoriel sur un corps $(K, +.)$. On suppose qu'il existe sur A une seconde loi de composition interne, notée $\star$, telle que, pour tout $x \in A$, $y \in A$, $Z \in A$ et $\lambda \in K$, on ait :*

$$(L_5) \qquad z \star (x + y) = z \star x + z \star y, \text{ (distributivité à gauche)}$$
$$(L'_5) \qquad (x + y) \star z = x \star z + y \star z, \text{ (distributivité à droite)}$$
$$(L_6) \qquad (\lambda)(x \star y) = (\lambda x) \star y = x \star (\lambda y).$$

Le quadruplet $(A, +, l, \star)$ s'appelle une algèbre *sur le corps $(K, +.)$ (ou K-*algèbre*).*

Si, pour tout $x \in A$, $y \in A$ et $z \in A$:

$$(L_7) \qquad x \star (y \star z) = (x \star y) \star z, \text{ (associativité)}$$

la K-algèbre *est dite* associative.

Si, pour tout $x \in A$ *et* $y \in A$ *:*

$$(L_8) \qquad x \star y = y \star x, \text{ (commutativité)}$$

la K-algèbre *est dite* commutative.

Enfin, s'il existe un élément $e \in A$*, tel que pour tout* $x \in A$ *:*

$$(L_9) \qquad x \star e = e \star x = x$$

la K-algèbre *est dite* unifère*, et* e *est qualifié d'élément unité.*

Exemples -

1. **Si L est un sous-corps d'un corps $(K, +, .)$, nous avons vu que K est un espace vectoriel sur L. Muni de la multiplication interne de K comme troisième loi, K peut être considéré comme une algèbre associative et unifère sur L. Ainsi, $\mathbb{C}$ peut être vu comme une algèbre associative, commutative et unifère sur $\mathbb{R}$.**
2. **Nous avons vu que l'ensemble $K[X]$ des polynômes à coefficients dans K, muni de l'addition usuelle des polynômes et de la multiplication des polynômes par un élément de K est un espace vectoriel sur K. Muni de la multiplication des polynômes comme troisième loi, $K[X]$ peut être considéré comme une algèbre associative, commutative et unifère sur K.**

1.1.2 Produit d'espaces vectoriels

Soient $(E_1, +, l), (E_2, +, l), ..., (E_n, +, l)$ des espaces vectoriels sur K. Le produit cartésien

$$E = \prod_{1 \leq i \leq n} E_i$$

est muni d'une loi de groupe abélien (encore notée abusivement $+$) en posant pour tous éléments $(x_1, x_2, ..., x_n)$ et $(y_1, y_2, ..., y_n)$ de E :

$$(x_1, x_2, ..., x_n) + (y_1, y_2, ..., y_n) = (x_1 + y_1, x_2 + y_2, ..., x_n + y_n).$$

De plus, en posant pour tout $\lambda \in K$:

$$\lambda(x_1, x_2, ..., x_n) = (\lambda x_1, \lambda x_2, ..., \lambda x_n),$$

on définit une loi de composition externe sur E qui fait de E un espace vectoriel sur K appelé *espace vectoriel produit* des espaces vectoriels $E_1, E_2, ..., E_n$.

1.1.3 Sous-espaces vectoriels

Définition 3 *Soient E un espace vectoriel sur K et Fune partie de E. On dit que F est un sous-espace vectoriel de E, si*

1. $F \neq \emptyset$;
2. *pour tout* $(x, y) \in F \times F$, $x + y \in F$ (i.e. *F est stable pour la loi* $+$) ;
3. *pour tout* $\lambda \in K$ *et tout* $x \in F$, $\lambda x \in F$.

- On vérifie facilement que si F est un sous-espace vectoriel de E, alors, $0_E \in F$.
- On remarquera d'autre part, que $\{0_E\}$ et E sont des sous-espaces vectoriels de E, dits *sous-espaces vectoriels triviaux* de E.
- On notera que si F est un sous-espace vectoriel de $(E, +, l)$, alors $(F, +_F, l_F)$ un espace vectoriel sur K pour les lois induites $+_F$ et l_F.

Exemples -

1. **Considérons le K-espace vectoriel K^n, et soit $a \in K^n$, $a \neq 0_{K^n}$. L'ensemble $Ka = \{\lambda a; \lambda \in K\}$ est un sous-espace vectoriel de K^n appelé *droite de vecteur directeur* a.**
2. **Considérons le K-espace vectoriel $K[X]$. L'ensemble $K_n[X]$ des polynômes à coefficients dans K, nul ou dont le degré n'excède pas n est un sous-espace vectoriel de $K[X]$.**
3. **Considérons le $\mathbb{R}$-espace vectoriel $\mathcal{F}(\mathbb{R}, \mathbb{R})$. L'ensemble $\mathcal{C}^0(\mathbb{R}, \mathbb{R})$ des applications continues de $\mathbb{R}$ vers $\mathbb{R}$ est un sous-espace vectoriel de $\mathcal{F}(\mathbb{R}, \mathbb{R})$.**

Proposition 1 *Soient E un espace vectoriel sur K et $(F_i)_{i \in I}$ une famille quelconque de sous-espaces vectoriels de E. Alors,*

$$F = \bigcap_{i \in I} F_i$$

est un sous-espace vectoriel de E.

Nous attirons l'attention du lecteur sur le fait que la réunion de sous-espaces vectoriels de E n'est pas en général un sous-espace vectoriel de E. Plus précisément, on a le résultat suivant :

Proposition 2 *Soit E un espace vectoriel sur K et soient F et G des sous-espaces vectoriels de E tels que $F \cup G$ soit un sous-espace vectoriel de E. Alors nécessairement,*

$$F \subset G \quad \text{ou} \quad G \subset F.$$

Ce résultat fera l'objet de l'Exercice 4.

Proposition 3 *Soient E un espace vectoriel sur K et X une partie de E. Il existe alors un plus petit sous-espace vectoriel (pour l'inclusion) de E qui contient X. On le note $Vect(X)$ et on l'appelle le* sous-espace vectoriel engendré *par X.*

Le sous-espace $Vect(X)$ n'est autre que l'intersection des sous-espaces vectoriels de E qui contiennent X. On notera que

$$Vect(\emptyset) = \{0_E\},$$

et que si F est un sous-espace vectoriel de E, $Vect(F) = F$.

Proposition 4 *Soient E un espace vectoriel sur K et soient X et Y des parties de E.*

1. *Si $X \subset Y$, alors $Vect(X) \subset Vect(Y)$;*
2. *$Vect[Vect(X)] = Vect(X)$.*

Proposition 5 *Soit E un espace vectoriel sur K et soient F et G des sous-espaces vectoriels de E. Alors,*

1. *L'ensemble*
$$F + G = \{x + y; x \in F, y \in G\}$$
est un sous-espace vectoriel de E.
2. *$F + G$ est le plus petit sous-espace vectoriel (pour l'inclusion) de E contenant à la fois F et G,* i.e.
$$F + G = Vect(F \cup G).$$

Le sous-espace vectoriel $F + G$ est appelé somme de F et de G.
On généralise aisément ces résultats à un nombre fini de sous-espaces vectoriels de E. Si $F_1, F_2, ..., F_n$ sont des sous-espaces vectoriels de E, alors l'ensemble

$$F_1 + F_2 + ... + F_n = \{x_1 + x_2 + ...x_n; x_1 \in F_1; x_2 \in F_2; ...; x_n \in F_n\}$$

est un sous-espace vectoriel de E, appelé *somme des sous-espaces vectoriels* $F_1, F_2, ..., F_n$. C'est le plus petit des sous-espaces vectoriels (pour l'inclusion) de E qui contient la réunion des sous-espaces vectoriels $F_1, F_2, ..., F_n$. Il est également noté

$$\sum_{1 \leq i \leq n} F_i.$$

Définition 4 *Soit E un espace vectoriel sur K et soient F et G des sous-espaces vectoriels de E.*

1. *On dit que F et G sont* en somme directe *si*

$$F \cap G = \{0_E\}.$$

Lorsqu'il en est ainsi, le sous-espace vectoriel $F + G$ est noté $F \oplus G$.

2. *Dans le cas particulier où les sous-espaces vectoriels F et G sont en somme directe et où $F \oplus G = E$, on dit que F et G sont des sous-espaces vectoriels* supplémentaires.

Proposition 6 *Soit E un espace vectoriel sur K et soient F et G des sous-espaces vectoriels de E. Pour que F et G soient en somme directe, il faut et il suffit que tout vecteur $x \in F + G$ s'écrive d'une manière et d'une seule sous la forme*

$$x = y + z,$$

où $y \in F$ et $z \in G$.

La généralisation de ces notions à un nombre fini $F_1, F_2, ..., F_n$ de sous-espaces vectoriels de E se fait de la façon suivante : on dit que $F_1, F_2, ..., F_n$ sont en somme directe si pour tout indice $i \in \{1, 2, ..., n\}$,

$$F_i \cap \Big(\sum_{1 \leq j \leq n, j \neq i} F_j \Big) = \{0_E\}.$$

Lorsqu'il en est ainsi, le sous-espace vectoriel $F_1 + F_2 + ... + F_n$ est noté $F_1 \oplus F_2 \oplus ... \oplus F_n$, ou encore

$$\bigoplus_{1 \leq i \leq n} F_i.$$

On montre également que pour que $F_1, F_2, ..., F_n$ soient en somme directe, il faut et il suffit que tout vecteur $x \in F_1 + F_2 + ... + F_n$ s'écrive d'une manière et d'une seule sous la forme

$$x = y_1 + y_2 + ... + y_n$$

où $y_1 \in F_1$, $y_2 \in F_2$,..., et $y_n \in F_n$.

Définition 5 *Soit E un espace vectoriel sur K et soient $x_1, x_2, ..., x_n$, des éléments de E. On dit qu'un élément $x \in E$ est* combinaison linéaire *des vecteurs $x_1, x_2, ..., x_n$, s'il existe des scalaires $\lambda_1, \lambda_2, ..., \lambda_n$ (appelés alors coefficients de la combinaison linéaire) tels que*

$$x = \lambda_1 x_1 + \lambda_2 x_2 + ... + \lambda_n x_n.$$

Plus généralement, si $(x_i)_{i \in I}$ est une famille quelconque d'éléments de l'espace vectoriel E [2] indexée par un ensemble I, on dit qu'un élément $x \in E$

2. Rappelons qu'une famille quelconque d'éléments d'un ensemble E, indexée par un ensemble I, est par définition une application x, de I vers E. La notation fonctionnelle $x : I \to E$ est alors remplacée par la notation $(x_i)_{i \in I}$.

est combinaison linéaire de la famille $(x_i)_{i\in I}$, s'il existe une partie *finie* J de I et une famille $(\lambda_i)_{i\in J}$ de scalaires telles que :

$$x = \sum_{i\in J} \lambda_i x_i.$$

Pour compléter cette définition, il est commode de convenir que

$$\sum_{i\in\emptyset} \lambda_i x_i = 0_E.$$

On démontre alors le résultat suivant :

Proposition 7 *Soient E un espace vectoriel sur K et X une partie de E. Le sous-espace vectoriel $Vect(X)$ n'est autre que l'ensemble de toutes les combinaisons linéaires de la famille $(x)_{x\in X}$.*[3]

1.1.4 Parties libres, génératrices

Définition 6 *Soient $x_1, x_2, ..., x_n$ des éléments de E.*

- *On dit que la famille $(x_1, x_2, ..., x_n)$ est* libre *si, quelle que soit la famille $(\lambda_1, \lambda_2, ..., \lambda_n)$ de scalaires telle que*

  $$\lambda_1 x_1 + \lambda_2 x_2 + ... + \lambda_n x_n = 0_E,$$

  on a nécessairement $\lambda_1 = \lambda_2 = ... = \lambda_n = 0$. S'il en est ainsi, on dit encore que les vecteurs $x_1, x_2, ..., x_n$ sont linéairement indépendants.
- *Une famille $(x_1, x_2, ..., x_n)$ de vecteurs de E qui n'est pas libre,* i.e. *pour laquelle il existe des scalaires non tous nuls $\lambda_1, \lambda_2, ..., \lambda_n$, tels que*

  $$\lambda_1 x_1 + \lambda_2 x_2 + ... + \lambda_n x_n = 0_E,$$

  est dite liée.

Plus généralement,

- si $(x_i)_{i\in I}$ est une famille quelconque d'éléments de E, on dit que la famille $(x_i)_{i\in I}$ est libre, si toute sous-famille $(x_i)_{i\in J}$, où $J \subset I$ est un ensemble fini est libre ;
- de même, on dit qu'une famille quelconque $(x_i)_{i\in I}$ d'éléments de E est liée, si elle n'est pas libre, i.e. s'il existe une sous-famille $(x_i)_{i\in J}$, où $J \subset I$ est un ensemble fini, qui est liée.

Proposition 8 *Soient E un espace vectoriel sur K.*

3. Dans ce cas particulier, l'application de X vers E définissant cette famille n'est autre que l'injection canonique de X vers E. Autrement dit, les éléments de la partie X sont ici indexés par eux-mêmes.

1. *Si* $(x_i)_{i\in I}$ *est une famille libre quelconque d'éléments de* E*, toute sous-famille* $(x_i)_{i\in J}$*, où* $J \subset I$ *est libre.*
2. *Si* $(x_i)_{i\in I}$ *est une famille libre quelconque d'éléments de* E *et si* i *et* j *sont deux éléments de* I *tels que* $i \neq j$*, alors* $x_i \neq x_j$*.*

Définition 7 *Soient* E *un espace vectoriel sur* K *et* X *une partie de* E*. On dit que* X *est une partie* libre *de* E *si la famille* $(x)_{x\in X}$ *est libre. Une partie* X *de* E*, non libre, est dite* liée.

Exemples -

1. **La partie vide $\emptyset$ est libre.**
2. **Si x est un vecteur non nul de E, la partie de E réduite au singleton $\{x\}$ est libre. En revanche, $\{0_E\}$ et plus généralement, toute partie de E contenant le vecteur 0_E est liée.**

Proposition 9 *Soient* E *un espace vectoriel sur* K *et* X *une partie de* E*. Les assertions suivantes sont équivalentes :*

1. X *est une partie libre ;*
2. *pour tout* $x \in X$, $x \notin Vect(X \setminus \{x\})$ *;*
3. *pour tout* $x \in Vect(X)$*, il n'existe qu'une seule combinaison linéaire d'éléments de* X *qui soit égale à* x*.*

Proposition 10 *Soient* E *un espace vectoriel sur* K *et* X *une partie libre de* E*. Alors, pour tout* $a \in E$ *tel que* $a \notin Vect(X)$, $X \cup \{a\}$ *est une partie libre de* E*.*

Définition 8 *Soient* E *un espace vectoriel sur* K *et* X *une partie de* E*. On dit que* X *est une partie* génératrice *de* E *si* $Vect(X) = E$*.*

Le lecteur aura remarqué que E est une partie génératrice de E.

Proposition 11 *Soient* E *un espace vectoriel sur* K *et* X *une partie de* E*. Pour que* X *soit une partie génératrice, il faut et il suffit que pour tout vecteur* $x \in E$*, il existe des scalaires* $\lambda_1, \lambda_2, ..., \lambda_n$*, et des vecteurs* $x_1, x_2, ..., x_n$ *de* X*, tels que*

$$x = \lambda_1 x_1 + \lambda_2 x_2 + ... + \lambda_n x_n.$$

Enfin, pour terminer cette section, donnons la

Définition 9 *Soient* E *un espace vectoriel sur* K *et* X *une partie de* E*. On dit qu'une famille* $(x_i)_{i\in I}$ *est une famille génératrice de* E*, si* $\{x_i; i \in I\}$ *est une partie génératrice de* E*.*

1.1.5 Bases

Définition 10 *Soient E un espace vectoriel sur K et X une partie de E. On dit que X est une* base *de E si X est une partie de E qui est à la fois libre et génératrice.*

Par suite, on a le résultat suivant :

Proposition 12 *Soient E un espace vectoriel sur K et X une partie de E. Pour que X soit une base de E, il faut et il suffit que tout vecteur $x \in E$ s'écrive d'une manière unique comme combinaison linéaire d'éléments de X.*

Exemples -

1. **Dans le corps $(K, +, .)$ considéré comme espace vectoriel sur lui-même, tout singleton $\{x\}$, où $x \neq 0$, constitue une base de K.**
2. **Dans le K-espace vectoriel K^n des n-uplets $x = (\xi_1, \xi_2, ..., \xi_n)$ d'éléments de K, on pose**

$$e_1 = (1, 0, ..., 0), \quad e_2 = (0, 1, ..., 0), ... \quad ..., e_n = (0, 0, ..., 1).$$

   Alors $\{e_1, e_2, ..., e_n\}$ est une base de K^n, appelée *base canonique* de K^n.
3. **Dans le K-espace vectoriel $K[X]$ des polynômes à coefficients dans K, il est facile de voir que $\{1, X, X^2, ..., X^n, ...\}$ est une base infinie de $K[X]$.**

Proposition 13 *Soient E un espace vectoriel sur K, Y une partie génératrice de E et $X \subset Y$. Pour que X soit une base de E, il faut et il suffit que X soit une partie libre maximale (pour l'inclusion) de Y.*

Proposition 14 *Soient E un espace vectoriel sur K et X une partie de E. Pour que X soit une base de E, il faut et il suffit que X soit une partie génératrice minimale (pour l'inclusion) de E.*

1.1.6 Espaces vectoriels de dimension finie

Définition 11 *Soit E un espace vectoriel sur K.*

- *On dit que E est un espace vectoriel* de dimension finie *s'il existe dans E une partie génératrice finie.*
- *Dans le cas contraire, on dit que E est* de dimension infinie.

On démontre alors les importants résultats suivants.

Théorème 1 de la base incomplète - *Soit E un espace vectoriel sur K, que l'on suppose de dimension finie. Soient Y une partie génératrice finie de E et X une partie libre de E, $X \subset Y$. Il existe alors une base B de E telle que*

$$X \subset B \subset Y.$$

En choisissant $X = \emptyset$ dans l'énoncé ci-dessus, on obtient le

Corollaire 1 *Soit E un espace vectoriel sur K, que l'on suppose de dimension finie. Il existe alors une base B de E composée d'un nombre fini de vecteurs.*

Notons que si E n'est pas de dimension finie, il est néanmoins possible de prouver qu'un tel espace vectoriel admet une base, mais la démonstration utilise l'axiome du choix et dépasse le cadre de cet ouvrage.

Théorème 2 d'échange - *Soit E un espace vectoriel sur K, que l'on suppose de dimension finie. Soient Y une partie génératrice finie de E et X une partie libre finie de E. Il existe alors une partie Z, $Z \subset Y$, telle que*

$$Z \cap X = \emptyset \quad \text{et} \quad Z \cup X$$

soit une base de E.

Enfin,

Théorème 3 d'équipotence des bases - *Soit E un espace vectoriel sur K, que l'on suppose de dimension finie. Alors, toutes les bases de E sont finies et ont le même nombre d'éléments.*

Ce dernier résultat permet de donner un sens à la

Définition 12 *Soit E un espace vectoriel sur K, que l'on suppose de dimension finie. On appelle* dimension *de E, et on note dim(E) le nombre d'éléments d'une base (quelconque) de E.*

Nous pouvons alors énoncer les divers résultats qui suivent, très utilisés dans la pratique.

Proposition 15 *Soit E un espace vectoriel sur K, de dimension finie n. Soient X une partie libre de E et Y une partie génératrice de E. Alors,*

1. *la partie X possède au plus n éléments ;*
2. *la partie Y possède au moins n éléments.*

Proposition 16 *Soit E un espace vectoriel sur K, de dimension finie n. Soient X une partie libre de E et Y une partie génératrice de E.*

1. *Si X possède n éléments, alors X est une base de E.*
2. *Si Y possède n éléments, alors Y est une base de E.*

Proposition 17 *Soit E un espace vectoriel sur K, de dimension finie n, et soit B une partie de E possédant n éléments. Les assertions suivantes sont équivalentes :*

1. *B est une partie libre de E ;*
2. *B est une partie génératrice de E ;*
3. *B est une base de E.*

Proposition 18 *Soit E un espace vectoriel sur K, de dimension finie n.*
- *Tout sous-espace vectoriel F de E est de dimension finie, et*

$$dim(F) \leq n.$$

- *Dans le cas où $dim(F) = n$, alors $F = E$.*

- Notons que $\{0_E\}$ est le seul sous-espace vectoriel de E de dimension 0 et que E lui-même est le seul sous-espace vectoriel de E de dimension n.
- Notons encore que :
  - un sous-espace vectoriel de E de dimension 1 est une *droite* de E ;
  - un sous-espace vectoriel de E de dimension 2 s'appelle un *plan* de E ;
  - un sous-espace vectoriel de E de dimension $n-1$ s'appelle une *hyperplan* de E.

Proposition 19 *Soit E un espace vectoriel sur K, de dimension finie n et soit F un sous-espace vectoriel de E, de dimension p.*
1. *Il existe au moins un sous-espace vectoriel G de E tel que F et G soient supplémentaires, et l'on a $dim(G) = n - p$.*
2. *Tout autre sous-espace vectoriel H de E tel que F et H soient supplémentaires est également de dimension $n - p$.*

Notons que si E n'est pas de dimension finie, il est encore possible, en utilisant l'axiome du choix, de prouver que tout sous-espace vectoriel de E possède un supplémentaire.

Proposition 20 *Soit E un espace vectoriel sur K, de dimension finie n et soient F et G des sous-espaces vectoriels de E. Alors,*

$$dim(F + G) \leq dim(F) + dim(G).$$

De façon précise : **(Formule de GRASSMANN [4])**

$$dim(F + G) = dim(F) + dim(G) - dim(F \cap G).$$

Dans le cas particulier où F et G sont en somme directe, on a :

$$dim(F \oplus G) = dim(F) + dim(G),$$

et l'on obtient une base de $F \oplus G$ en effectuant la réunion d'une base de F et d'une base de G.

4. Hermann Günther GRASSMANN (1809 - 1877). Mathématicien allemand, né à Szczecin (Pologne), considéré comme le fondateur de la théorie des espaces vectoriels. On lui doit également de nombreux travaux dans le domaine du calcul tensoriel.

Plus généralement, si $F_1, F_2, ..., F_k$ sont des sous-espaces vectoriels de E,

$$dim(\sum_{1\leq i\leq k} F_i) \leq \sum_{1\leq i\leq k} dim(F_i).$$

Si de plus $F_1, F_2, ..., F_k$ sont en somme directe, alors

$$dim(\bigoplus_{1\leq i\leq k} F_i) = \sum_{1\leq i\leq k} dim(F_i).$$

De même, on obtient une base de la somme directe des $F_1, F_2, ..., F_k$ en choisissant une base dans chacun des sous-espaces $F_1, F_2, ..., F_k$ et en effectuant la réunion de ces k bases. Enfin,

Proposition 21 *Soient $E_1, E_2, ..., E_n$ des espaces vectoriels sur K de dimension finie. L'espace vectoriel produit des espaces $E_1, E_2, ..., E_n$ est de dimension finie et :*

$$dim(\prod_{1\leq i\leq n} E_i) = \sum_{1\leq i\leq n} dim(E_i).$$

Mentionnons également une définition couramment utilisée dans la pratique :

Définition 13 *Soit E un espace vectoriel sur K, de dimension finie et soit $(x_i)_{i\in I}$ une famille quelconque d'éléments de E. On appelle* rang de la famille *$(x_i)_{i\in I}$ et on note $rg[(x_i)_{i\in I}]$ la dimension du sous-espace vectoriel engendré par $\{x_i; i \in I\}$.*

On déduit sans difficulté de ce qui précède le résultat suivant :

Proposition 22 *Soit E un espace vectoriel sur K et soit $(x_i)_{1\leq i\leq n}$ une famille finie de n vecteurs de E. Alors,*

- $rg[(x_i)_{1\leq i\leq n}] \leq n$,
- $rg[(x_i)_{1\leq i\leq n}] = n$ *si et seulement si* $(x_i)_{1\leq i\leq n}$ *est une famille libre.*

1.2 Exercices

Généralités

Sous-espaces vectoriels, parties libres, génératrices

Exercice 1 *Montrer que dans la Définition 1 d'un espace vectoriel* $(E, +, l)$ *sur un corps* $(K, +, .)$*, le mot "commutatif" concernant le groupe abélien* $(E, +)$ *est superflu, autrement dit que la commutativité de la loi* $+$ *sur l'ensemble* E*, si elle n'est pas supposée, résulte néanmoins des autres axiomes.*

Solution – Soit $(K, +, .)$ un corps commutatif. Supposons que $(E, +, l)$ soit un triplet où $(E, +)$ est un groupe que l'on ne suppose pas commutatif, et où l est une loi de composition externe sur E ayant K comme domaine d'opérateurs et vérifiant les axiomes L_1, L_2, L_3 et L_4 de la Définition 1. Soient x et y des éléments de E. Calculons :

$$\begin{aligned}(1+1)(x+y) &= (1+1)x + (1+1)y \quad \text{(d'après } L_1\text{)}\\ &= 1x + 1x + 1y + 1y \quad \text{(d'après } L_2\text{)}\\ &= x + x + y + y. \quad \text{(d'après } L_4\text{)}\end{aligned}$$

ou encore,

$$\begin{aligned}(1+1)(x+y) &= 1(x+y) + 1(x+y) \quad \text{(d'après } L_2\text{)}\\ &= 1x + 1y + 1x + 1y \quad \text{(d'après } L_1\text{)}\\ &= x + y + x + y. \quad \text{(d'après } L_4\text{)}\end{aligned}$$

Par suite,

$$x + x + y + y = x + y + x + y. \tag{1.1}$$

Dans un groupe (et en particulier dans $(E, +)$), tout élément est régulier. Dans la relation 1.1, nous pouvons donc simplifier à gauche par x et à droite par y. Il vient alors :

$$x + y = y + x,$$

ce qui prouve que la loi $+$ est commutative.

Exercice 2 *Soit* E *un espace vectoriel sur* K *et soient* F*,* G *et* H *des sous-espaces vectoriels de* E *tels que :*

$$(a)\ F \cap G = F \cap H, \qquad (b)\ F + G = F + H \qquad \text{et} \qquad (c)\ G \subset H.$$

Montrer que $G = H$*.*

Solution – Compte tenu de l'hypothèse (c), il suffit de montrer que $H \subset G$. Soit donc $z \in H$. En écrivant z sous la forme $z = 0_E + z$, on voit clairement que $H \subset F + H$, ce qui implique que $z \in F + H$. On en déduit, en utilisant l'hypothèse (b), que $z \in F + G$, ce qui signifie qu'il existe $x \in F$ et $y \in G$ tels que $z = x + y$. Or, d'après l'hypothèse (c), $G \subset H$. On a donc $y \in H$. Le fait que H soit un sous-espace vectoriel implique que $x = z - y$ est un élément de H. Par suite, x est un élément de $F \cap H$, et en utilisant maintenant l'hypothèse (a), on en déduit que $x \in F \cap G$, et donc que $x \in G$. Le fait que G soit un sous-espace vectoriel permet alors d'affirmer que $z = x + y$ est un élément de G, ce qui prouve que

$$H \subset G$$

et termine notre démonstration.

Exercice 3 *Soit E un espace vectoriel sur K et soient F, G et H des sous-espaces vectoriels de E.*

1. *(a) Montrer que*

$$(F \cap G) + (F \cap H) \subset F \cap (G + H).$$

   (b) Vérifier sur un exemple qu'en général on n'a pas l'égalité.

2. *Montrer que*

$$(F \cap G) + (F \cap H) = F \cap [G + (F \cap H)].$$

Solution –

1. (a) Soit $z \in (F \cap G) + (F \cap H)$. Ceci signifie qu'il existe $x \in F \cap G$ et $y \in F \cap H$, tels que $z = x + y$. En particulier, $x \in G$ et $y \in H$, ce qui entraîne que $z = x + y \in G + H$. Or, on a aussi $x \in F$ et $y \in F$, ce qui entraîne puisque F est un sous-espace vectoriel que $z = x + y \in F$. Nous pouvons donc conclure à $z \in F \cap (G + H)$.

   (b) Pour montrer qu'en général

$$(F \cap G) + (F \cap H) \neq F \cap (G + H), \qquad (1.2)$$

   il suffit de s'intéresser à l'exemple suivant : considérons l'ensemble $\mathbb{R}^2$ muni de sa structure d'espace vectoriel sur $\mathbb{R}$, et posons :

$$F = \{(x, x); x \in \mathbb{R}\}, \quad G = \{(x, 0); x \in \mathbb{R}\} \text{ et } H = \{(0, y); y \in \mathbb{R}\}.$$

   Il est facile de vérifier que F, G et H sont des sous-espaces vectoriels de $\mathbb{R}^2$, et que :

$$F \cap G = \{(0, 0)\}, \quad F \cap H = \{(0, 0)\}, \text{ d'où } (F \cap G) + (F \cap H) = \{(0, 0)\}.$$

D'autre part, il aussi facile de vérifier que :

$$G + H = \mathbb{R}^2, \quad \text{d'où} \quad F \cap (G + H) = F \cap \mathbb{R}^2 = F.$$

L'inclusion $F \cap (G + H) \subset (F \cap G) + (F \cap H)$ n'est évidemment pas réalisée, ce qui montre bien 1.2 en général.

2. • Montrons d'abord que

$$(F \cap G) + (F \cap H) \subset F \cap [G + (F \cap H)].$$

Soit $z \in (F \cap G) + (F \cap H)$. Ceci signifie qu'il existe $x \in F \cap G$ et $y \in F \cap H$, tels que $z = x + y$. En particulier, $x \in G$, donc $z = x + y$ est un élément de $G + (F \cap H)$. Or, on a aussi $x \in F$ et $y \in F$, ce qui entraîne puisque F est un sous-espace vectoriel que $z = x + y \in F$. Par suite, z est un élément de $F \cap [G + (F \cap H)]$, ce qui prouve notre inclusion.

• Montrons ensuite que

$$F \cap [G + (F \cap H)] \subset (F \cap G) + (F \cap H).$$

Soit $z \in F \cap [G + (F \cap H)]$. En particulier, $z \in G + (F \cap H)$, ce qui signifie qu'il existe $x \in G$ et $y \in F \cap H$, tel que $z = x + y$. D'autre part, $z \in F$ et $y \in F$ (puisque $y \in F \cap H$), donc $x = z - y \in F$ (puisque F est un sous-espace vectoriel). Il en résulte que $x \in F \cap G$, et finalement $z = x + y \in (F \cap G) + (F \cap H)$, d'où l'inclusion cherchée.

Nous pouvons donc conclure à

$$(F \cap G) + (F \cap H) = F \cap [G + (F \cap H)].$$

Exercice 4

1. *Soit E un espace vectoriel sur K et soient F et G des sous-espaces vectoriels de E tels que $F \cup G$ soit un sous-espace vectoriel de E. Montrer que nécessairement,*

$$F \subset G \quad \text{ou} \quad G \subset F.$$

2. *Soit E un espace vectoriel sur K et soient $F_1, F_2, ..., F_p$, p sous-espaces vectoriels de E ($p \geq 2$).*
   (a) *Montrer que si l'on fait l'hypothèse suivante :*

   $$\text{l'ensemble } K \text{ possède au moins } p \text{ éléments} \quad (H)$$

   et si $F_1 \cup F_2 \cup ... \cup F_p$ est un sous-espace vectoriel de E, alors nécessairement il existe $i_0 \in \{1, 2, ...p\}$ tel que pour tout $i \in \{1, 2, ...p\}$, on ait $F_i \subset F_{i_0}$.

   (b) *Montrer que si l'hypothèse (H) n'est pas vérifiée, le résultat ci-dessus peut être mis en défaut.*

Solution –

1. Pour établir que $F \subset G$ ou $G \subset F$, raisonnons par l'absurde en supposant que $F \not\subset G$ et $G \not\subset F$. Il existe alors $x \in F$, $x \notin G$ et $y \in G$, $y \notin F$. Cependant, $x \in F \cup G$ et $y \in F \cup G$, et comme $F \cup G$ est un sous-espace vectoriel, $z = x + y \in F \cup G$. Par suite, $z \in F$ ou $z \in G$.
   - Si $z \in F$, alors $y = z - x \in F$ (puisque F est un sous-espace vectoriel), ce qui n'est pas le cas.
   - Si $z \in G$, alors $x = z - y \in G$ (puisque G est un sous-espace vectoriel), ce qui n'est pas le cas non plus.

   Dans chacun des cas nous aboutissons à une contradiction, ce qui permet de conclure à $F \subset G$ ou $G \subset F$.

2. (a) Supposons donc que l'ensemble K possède au moins p éléments. Pour obtenir le résultat annoncé, nous allons raisonner par récurrence sur l'entier p, $p \geq 2$.
   - Si $p = 2$, le résultat est acquis compte tenu de la question précédente.
   - Soit $p \geq 3$. Supposons (hypothèse de récurrence forte) que la propriété soit vraie jusqu'au rang $p - 1$ et considérons une famille $F_1, F_2, ..., F_p$, de p sous-espaces vectoriels de E dont la réunion est un sous-espace vectoriel de E, en distinguant les divers cas suivants :
     - Supposons que
     $$F_1 \cup F_2 \cup ... \cup F_{p-1} \subset F_p.$$
     Dans ce cas, il est clair que F_p contient tous les sous-espaces $F_1, F_2, ..., F_p$ de la famille et le résultat est trivial.
     - Supposons que
     $$F_p \subset F_1 \cup F_2 \cup ... \cup F_{p-1}.$$
     Dans ce cas, il est encore clair que
     $$F_1 \cup F_2 \cup ... \cup F_{p-1} = F_1 \cup F_2 \cup ... \cup F_p$$
     est un sous-espace vectoriel de E en vertu de l'hypothèse faite sur la famille $F_1, F_2, ..., F_p$. Nous pouvons donc appliquer l'hypothèse de récurrence à la famille $F_1, F_2, ..., F_{p-1}$: il existe un indice $i_0 \in \{1, 2, ...p - 1\}$ tel que pour tout $i \in \{1, 2, ...p - 1\}$, on ait
     $$F_i \subset F_{i_0}.$$
     Comme nous sommes dans le cas où l'on a
     $$F_p \subset F_1 \cup F_2 \cup ... \cup F_{p-1},$$

on a aussi

$$F_i \subset F_{i_0}$$

pour tout $i \in \{1, 2, ...p\}$, et le résultat est acquis.

– Supposons enfin que

$$F_1 \cup F_2 \cup ... \cup F_{p-1} \not\subset F_p \text{ et } F_p \not\subset F_1 \cup F_2 \cup ... \cup F_{p-1}.$$

Ceci signifie qu'il existe $x \in F_1 \cup F_2 \cup ... \cup F_{p-1}$, $x \notin F_p$ et $y \in F_p$, $y \notin F_1 \cup F_2 \cup ... \cup F_{p-1}$. Il en résulte que

$$x \in F_1 \cup F_2 \cup ... \cup F_p \text{ et } y \in F_1 \cup F_2 \cup ... \cup F_p.$$

Par suite, pour tout $\lambda \in K$,

$$z_\lambda = x - \lambda y \in F_1 \cup F_2 \cup ... \cup F_p$$

(puisque par hypothèse $F_1 \cup F_2 \cup ... \cup F_p$ est un sous-espace vectoriel), mais $z_\lambda \notin F_p$, car si c'était le cas, on aurait

$$x = \lambda y + z_\lambda \in F_p,$$

ce qui n'est pas le cas.

En résumé, pour tout $\lambda \in K$, il existe au moins un indice $i_\lambda \in \{1, 2, ...p-1\}$ tel que

$$z_\lambda = x - \lambda y \in F_{i_\lambda}.$$

Nous pouvons alors construire une application ϕ, de K vers $\{1, 2, ..., p-1\}$, en associant à chaque λ de K un indice i_λ tel que $z_\lambda \in F_{i_\lambda}$.

Montrons que cette application est injective. En effet, si λ et μ sont deux éléments de K, on a $z_\lambda \in F_{i_\lambda}$ et $z_\mu \in F_{i_\mu}$. Si $i_\lambda = i_\mu$, alors, $F_{i_\lambda} = F_{i_\mu}$, ce qui implique $z_\mu = x - \mu y \in F_{i_\lambda}$, et par suite $z_\lambda - z_\mu = x - \lambda y - (x - \mu y) = (\mu - \lambda)y \in F_{i_\lambda}$. Pour montrer que $\lambda = \mu$, raisonnons par l'absurde en supposant $\lambda \neq \mu$. Alors, $\mu - \lambda \neq 0$, d'où l'on déduit $(\mu - \lambda)^{-1}(\mu - \lambda)y = 1y = y \in F_{i_\lambda}$, ce qui est évidemment en contradiction avec l'hypothèse selon laquelle $y \notin F_1 \cup F_2 \cup ... \cup F_{p-1}$. On peut donc conclure à $\lambda = \mu$, d'où l'injectivité de ϕ.

Ceci implique que l'ensemble K est fini et de cardinal inférieur ou égal à $p-1$, ce qui est incompatible avec l'hypothèse imposant à K d'avoir au moins p éléments. Il résulte de cette étude que ce dernier cas de figure, à savoir

$$F_1 \cup F_2 \cup ... \cup F_{p-1} \not\subset F_p \text{ et } F_p \not\subset F_1 \cup F_2 \cup ... \cup F_{p-1}$$

est impossible et donc que seuls les deux premiers cas de figure où la preuve par récurrence est acquise peuvent se produire.

Nous avons donc prouvé, dans le cas où l'ensemble K possède au moins p éléments, $p \geq 2$, que si la réunion d'une famille de p sous-espaces vectoriels de E est un sous-espace vectoriel de E, l'un d'entre eux contient tous les autres.

(b) Soit $K = \mathbb{Z}/2\mathbb{Z} = \{\overline{0}, \overline{1}\}$ l'ensemble quotient de l'ensemble $\mathbb{Z}$ des entiers relatifs par la relation de congruence modulo 2. Cet ensemble K qui possède donc 2 éléments est canoniquement muni d'une structure de corps dont les lois de composition interne (encore notées abusivement + et .) sont définies par :

$$\overline{\alpha} + \overline{\beta} = \overline{\alpha + \beta} \quad \text{et} \quad \overline{\alpha}.\overline{\beta} = \overline{\alpha.\beta}.$$

Considérons alors le K-espace vectoriel $E = K^2 = K \times K$ constitué des quatre vecteurs $(\overline{0}, \overline{0}), (\overline{1}, \overline{0}), (\overline{0}, \overline{1}), (\overline{1}, \overline{1})$, et posons :

$$F_1 = \{(\overline{0}, \overline{0}), (\overline{1}, \overline{0})\},\ F_2 = \{(\overline{0}, \overline{0}), (\overline{0}, \overline{1})\} \text{ et } F_3 = \{(\overline{0}, \overline{0}), (\overline{1}, \overline{1})\}.$$

Le lecteur peut vérifier très aisément que F_1, F_2 et F_3 sont des sous-espaces vectoriels de E, et que $E = F_1 \cup F_2 \cup F_3$. La réunion des trois sous-espaces vectoriels F_1, F_2 et F_3 est donc bien un sous-espace vectoriel de E, mais il est clair qu'aucun d'entre eux ne contient tous les autres.

Exercice 5 *Soient E un espace vectoriel sur K et F un sous-espace vectoriel de E. Déterminer, le sous-espace vectoriel $Vect(\complement_E F)$ engendré par le complémentaire de F dans E.*

Indication - Distinguer les cas $F = E$ et $F \neq E$.

Solution –

- Si $F = E$, $\complement_E F = \emptyset$, d'où $Vect(\complement_E F) = \{0\}$.
- Si $F \neq E$, nous allons montrer que $Vect(\complement_E F) = E$. Puisque de toute évidence, $Vect(\complement_E F) \subset E$, il suffit de prouver que $E \subset Vect(\complement_E F)$. Soit donc $x \in E$. On a bien sûr $E = F \cup \complement_E F$. Distinguons alors deux cas.
  – Soit $x \in \complement_E F$. Dans ce cas $x \in Vect(\complement_E F)$ et le résultat est acquis.
  – Soit $x \in F$. Comme $F \neq E$, il existe $y \in E$, $y \notin F$. Ecrivons alors

$$x = y + (x - y)$$

et montrons que $x - y \in \complement_E F$. Pour ce faire, raisonnons par l'absurde en supposant que $x - y \in F$. Puisque $x \in F$ et que F est un sous-espace vectoriel, $x - (x - y) = y \in F$, ce qui contredit l'hypothèse faite sur y. Donc, $x - y \in \complement_E F$. L'écriture

$$x = y + (x - y)$$

montre alors que x est somme de vecteurs de $\complement_E F$, donc que x appartient à $Vect(\complement_E F)$.

Dans chaque cas, nous avons bien montré que $x \in Vect(\complement_E F)$, ce qui prouve que $E \subset Vect(\complement_E F)$ et termine notre démonstration.

Exercice 6 *On considère $\mathbb{R}$ comme espace vectoriel sur $\mathbb{Q}$. Déterminer le rang dc la famille de vecteurs* $(1, \sqrt{2}, \sqrt{3}, \sqrt{6})$.

Solution – Nous allons montrer que la famille $(1, \sqrt{2}, \sqrt{3}, \sqrt{6})$ est libre. Pour ce faire, montrons que si p, q, r et s sont des nombres rationnels tels que

$$p + q\sqrt{2} + r\sqrt{3} + s\sqrt{6} = 0, \tag{1.3}$$

alors

$$p = q = r = s = 0.$$

Pour cela, effectuons d'abord la réduction au même dénominateur des nombres rationnels p, q, r, s, et multiplions chaque membre de la relation 1.3 par ce dernier. On obtient

$$a + b\sqrt{2} + c\sqrt{3} + d\sqrt{6} = 0, \tag{1.4}$$

où a, b, c, et d sont des entiers relatifs. Cette relation s'écrit encore

$$d\sqrt{6} = -a - b\sqrt{2} - c\sqrt{3}, \tag{1.5}$$

d'où l'on déduit

$$6d^2 = a^2 + 2b^2 + 3c^2 + 2ab\sqrt{2} + 2ac\sqrt{3} + 2bc\sqrt{6}.$$

soit

$$6d^2 - a^2 - 2b^2 - 3c^2 = 2a(b\sqrt{2} + c\sqrt{3}) + 2bc\sqrt{6}. \tag{1.6}$$

Or, de la relation 1.5, on tire $b\sqrt{2} + c\sqrt{3} = -a - d\sqrt{6}$, et 1.6 s'écrit

$$6d^2 - a^2 - 2b^2 - 3c^2 = -2a^2 - 2ad\sqrt{6} + 2bc\sqrt{6},$$

soit

$$6d^2 + a^2 - 2b^2 - 3c^2 = 2(bc - ad)\sqrt{6}. \tag{1.7}$$

- Si $bc - ad \neq 0$, on obtient

$$\sqrt{6} = \frac{6d^2 + a^2 - 2b^2 - 3c^2}{2(bc - ad)},$$

d'où l'on déduit que $\sqrt{6}$ est un nombre rationnel, ce qui est faux[5]. Nous avons donc dans ce cas mis en évidence une contradiction.

- Par suite, $bc - ad = 0$. La relation 1.7 s'écrit

$$6d^2 + a^2 - 2b^2 - 3c^2 = 0 \quad \text{d'où} \quad 6d^4 + d^2a^2 - 2d^2b^2 - 3d^2c^2 = 0. \tag{1.8}$$

Or, $bc - ad = 0$ implique $b^2c^2 = a^2d^2$. Par suite, 1.8 s'écrit

$$6d^4 + b^2c^2 - 2d^2b^2 - 3d^2c^2 = 0, \quad \text{soit} \quad 3d^2(2d^2 - c^2) - b^2(2d^2 - c^2) = 0,$$

et finalement

$$(2d^2 - c^2)(3d^2 - b^2) = 0. \tag{1.9}$$

Comme l'anneau $(\mathbb{Z}, +, .)$ est intègre, 1.9 implique

$$2d^2 - c^2 = 0 \quad \text{ou} \quad 3d^2 - b^2 = 0.$$

- Si $2d^2 - c^2 = 0$, on a

$$2d^2 = c^2, \tag{1.10}$$

ce qui n'est possible que si $d = c = 0$, car sinon, dans l'égalité 1.10, l'exposant de 2 dans la décomposition primaire du nombre entier non nul $2d^2$ est impair alors que dans celle de c^2 il est pair, ce qui contredit l'unicité de ladite décomposition.
- Si $3d^2 - b^2 = 0$, on a $3d^2 = b^2$, ce qui est également impossible pour une raison analogue (en regardant cette fois l'exposant de 3).

Finalement, nous obtenons encore dans ce cas une contradiction, ce qui achève notre raisonnement par l'absurde et prouve notre propos.

La famille de quatre vecteurs $(1, \sqrt{2}, \sqrt{3}, \sqrt{6})$ étant libre, elle est de rang 4.

Exercice 7 *On désigne par $\mathcal{C}^0(\mathbb{R}, \mathbb{R})$ l'espace vectoriel sur $\mathbb{R}$ des applications continues de $\mathbb{R}$ vers $\mathbb{R}$.*

1. *On considère les applications continues c et s, de $\mathbb{R}$ vers $\mathbb{R}$, définies en posant pour tout $x \in \mathbb{R}$:*

$$c(x) = \cos x \quad \text{et} \quad s(x) = \sin x.$$

Montrer que la famille (c, s) est libre.

5. En effet, si $\sqrt{6} \in \mathbb{Q}$, il existe p et q dans $\mathbb{N}^*$ tels que $\sqrt{6} = \frac{p}{q}$, d'où $p^2 = 6q^2 = 2.3.q^2$. Ceci est impossible, car dans la décomposition primaire de p^2, l'exposant de 2 est pair, alors que dans celle de $2.3.q^2$, il est impair, ce qui contredit l'unicité de la décomposition primaire d'un entier.

2. On note f_1, f_2, f_3 les applications de $\mathbb{R}$ vers $\mathbb{R}$ définies en posant pour tout $x \in \mathbb{R}$:

$$f_1(x) = \sin(x+1), \quad f_2(x) = \sin(x+2), \quad f_3(x) = \sin(x+3).$$

Déterminer le rang de la famille de vecteurs (f_1, f_2, f_3).

Solution –

1. Montrons que la famille (c, s) est libre. Considérons donc des nombres réels λ et μ tels que $\lambda c + \mu s$ soit égale à l'application nulle, *i.e.* pour tout $x \in \mathbb{R}$,
$$\lambda \cos x + \mu \sin x = 0.$$
En particulier,
– pour $x = 0$, on a $\lambda \cos 0 + \mu \sin 0 = 0$, d'où $\lambda = 0$;
– pour$x = \frac{\pi}{2}$, on a $\lambda \cos \frac{\pi}{2} + \mu \sin \frac{\pi}{2} = 0$, d'où $\mu = 0$,
ce qui prouve bien que la famille de deux vecteurs (c, s) est libre. Elle est donc de rang 2.

2. Le résultat ci-dessus signifie que le sous-espace vectoriel $\mathcal{F}$ de $\mathcal{C}^0(\mathbb{R}, \mathbb{R})$ engendré par $\{c, s\}$ est de dimension 2. D'autre part, on a pour tout $x \in \mathbb{R}$,
$$f_1(x) = \sin(x+1) = \sin x \cos 1 + \cos x \sin 1;$$
$$f_2(x) = \sin(x+2) = \sin x \cos 2 + \cos x \sin 2;$$
$$f_3(x) = \sin(x+3) = \sin x \cos 3 + \cos x \sin 3.$$
soit encore
$$f_1 = \cos 1.s + \sin 1.c; \quad f_2 = \cos 2.s + \sin 2.c; \quad f_3 = \cos 3.s + \sin 3.c.$$
Autrement dit, f_1, f_2 et f_3 sont combinaisons linéaires des vecteurs c et s, donc sont des éléments de $\mathcal{F}$. Il en résulte que
$$Vect(\{f_1, f_2, f_3\}) \subset \mathcal{F} \quad \text{d'où} \quad dim[Vect(\{f_1, f_2, f_3\})] \leq 2.$$
Montrons maintenant que la famille (f_1, f_2) est libre, Pour ce faire, considérons des nombres réels α et β tels que $\alpha f_1 + \beta f_2$ soit égale à la fonction nulle. Or,
$$\begin{aligned}\alpha f_1 + \beta f_2 &= \alpha(\cos 1.s + \sin 1.c) + \beta(\cos 2.s + \sin 2.c)\\ &= (\alpha \cos 1 + \beta \cos 2)s + (\alpha \sin 1 + \beta \sin 2)c.\end{aligned}$$
Puisque la famille (c, s) est une famille libre, si l'application continue $(\alpha \cos 1 + \beta \cos 2)s + (\alpha \sin 1 + \beta \sin 2)c$ est égale à l'application nulle, on en déduit que
$$\begin{cases} \alpha \cos 1 + \beta \cos 2 = 0 & (1) \\ \alpha \sin 1 + \beta \sin 2 = 0 & (2) \end{cases}$$

Multiplions l'équation (1) par $\sin 1$, l'équation (2) par $\cos 1$, et retranchons membre à membre les équations ainsi obtenues. Il vient :

$$\beta(\cos 2 \sin 1 - \sin 2 \cos 1) = 0, \quad \text{soit} \quad \beta(-\sin 1) = 0.$$

Or, $\sin 1 \neq 0$, donc nécessairement $\beta = 0$. L'équation (1) s'écrit alors

$$\alpha \cos 1 = 0, \quad \text{d'où puisque } \cos 1 \neq 0, \quad \alpha = 0.$$

La famille (f_1, f_2) est donc libre. Par suite, $dim[Vect(\{f_1, f_2, f_3\})] \geq 2$. En définitive,

$$dim[Vect(\{f_1, f_2, f_3\})] = 2,$$

ce qui implique que le rang de la famille (f_1, f_2, f_3) est 2.

Exercice 8 *On désigne par $\mathcal{C}^0(\mathbb{R}, \mathbb{R})$ l'espace vectoriel sur $\mathbb{R}$ des applications continues de $\mathbb{R}$ vers $\mathbb{R}$. Pour tout $x \in \mathbb{R}$, on définit l'application g_x, de $\mathbb{R}$ vers $\mathbb{R}$, en posant pour tout $t \in \mathbb{R}$:*

$$g_x(t) = |x - t|.$$

Montrer que $(g_x)_{x \in \mathbb{R}}$ est une famille libre de vecteurs de $\mathcal{C}^0(\mathbb{R}, \mathbb{R})$.

Solution – Remarquons tout d'abord que pour tout $x \in \mathbb{R}$, l'application g_x est continue puisque c'est la composée de deux applications continues. La famille $(g_x)_{x \in \mathbb{R}}$ est donc bien une famille de vecteurs de $\mathcal{C}^0(\mathbb{R}, \mathbb{R})$.

Pour montrer que la famille $(g_x)_{x \in \mathbb{R}}$ est libre, il nous faut montrer que toute sous-famille *finie* $(g_{x_i})_{1 \leq i \leq n}$, ($n \in \mathbb{N}^*$), est libre. Considérons donc une famille $(\lambda_i)_{1 \leq i \leq n}$ de nombres réels telle que $\sum_{i=1}^n \lambda_i g_{x_i}$ soit égale à l'application nulle. Ceci signifie que pour tout $t \in \mathbb{R}$:

$$\lambda_1 |x_1 - t| + \lambda_2 |x_2 - t| + ... + \lambda_n |x_n - t| = 0. \tag{1.11}$$

Il est clair que l'on peut, sans restreindre la généralité, supposer que les nombres réels x_i ont été rangés dans l'ordre croissant, *i.e.* $x_1 < x_2 < ... < x_n$.

- En particulier, pour $t > x_n$, la relation 1.11 s'écrit

$$\lambda_1(t - x_1) + \lambda_2(t - x_2) + ... + \lambda_n(t - x_n) = 0$$

soit

$$(\lambda_1 + \lambda_2 + ... + \lambda_n)t - \lambda_1 x_1 - \lambda_2 x_2 - ... - \lambda_n x_n = 0. \tag{1.12}$$

L'application

$$t \to (\lambda_1 + \lambda_2 + ... + \lambda_n)t - \lambda_1 x_1 - \lambda_2 x_2 - ... - \lambda_n x_n$$

est donc une fonction polynôme (de degré 1) qui s'annule sur tout l'intervalle $]x_n, +\infty[$. Cette application n'est donc autre que la fonction polynôme nulle. Ses coefficients sont tous nuls, et en particulier

$$\lambda_1 + \lambda_2 + ... + \lambda_n = 0. \tag{1.13}$$

– Pour $x_{n-1} < t < x_n$, la relation 1.11 s'écrit

$$\lambda_1(t - x_1) + \lambda_2(t - x_2) + ... + \lambda_n(x_n - t) = 0,$$

soit

$$(\lambda_1 + \lambda_2 + ... - \lambda_n)t - \lambda_1 x_1 - \lambda_2 x_2 - ... + \lambda_n x_n = 0. \tag{1.14}$$

Une démarche analogue à celle décrite ci-dessus conduit alors à

$$\lambda_1 + \lambda_2 + ... - \lambda_n = 0. \tag{1.15}$$

En répétant ce raisonnement pour $x_{n-2} < t < x_{n-1}$,..., $x_1 < t < x_2$, $t < x_1$, on obtient les relations suivantes :

$$\begin{cases} \lambda_1 + \lambda_2 + ... + \lambda_n = 0 & (1) \\ \lambda_1 + \lambda_2 + ... - \lambda_n = 0 & (2) \\ \dots\dots\dots\dots & \\ \lambda_1 - \lambda_2 - ... - \lambda_n = 0 & (n) \end{cases}$$

En retranchant membre à membre (2) de (1), on déduit $2\lambda_n = 0$, d'où $\lambda_n = 0$ et le système ci-dessus se réduit à

$$\begin{cases} \lambda_1 + \lambda_2 + ... + \lambda_{n-1} = 0 & (2') \\ \lambda_1 + \lambda_2 + ... - \lambda_{n-1} = 0 & (3') \\ \dots\dots\dots\dots & \\ \lambda_1 - \lambda_2 - ... - \lambda_{n-1} = 0 & (n') \end{cases}$$

En retranchant membre à membre (3′) de (2′), on arrive à $\lambda_{n-1} = 0$. Il suffit alors d'itérer le processus jusqu'à obtenir $\lambda_2 = 0$, puis $\lambda_1 = 0$, pour conclure au fait que, pour tout $n \in \mathbb{N}^*$, la famille $(g_{x_i})_{1 \leq i \leq n}$ est libre, ce qui a pour conséquence que la famille $(g_x)_{x \in \mathbb{R}}$ est également une famille libre.

Exercice 9 *On désigne par $\mathcal{C}^0(\mathbb{R},\mathbb{R})$ l'espace vectoriel sur $\mathbb{R}$ des applications continues de $\mathbb{R}$ vers $\mathbb{R}$. Pour tout $x \in \mathbb{R}$, on définit l'application h_x, de $\mathbb{R}$ vers $\mathbb{R}$, en posant pour tout $t \in \mathbb{R}$:*

$$h_x(t) = e^{xt}.$$

Montrer que $(h_x)_{x\in\mathbb{R}}$ est une famille libre de vecteurs de $\mathcal{C}^0(\mathbb{R},\mathbb{R})$.

Solution – Remarquons tout d'abord que pour tout $x \in \mathbb{R}$, l'application h_x est continue comme étant la composée de deux applications continues. La famille $(h_x)_{x\in\mathbb{R}}$ est donc bien une famille de vecteurs de $\mathcal{C}^0(\mathbb{R},\mathbb{R})$.

Pour montrer que la famille $(h_x)_{x\in\mathbb{R}}$ est libre, il nous faut montrer que toute sous-famille *finie* $(h_{x_i})_{1\leq i\leq n}$, $(n \in \mathbb{N}^*)$, est libre. Considérons donc une famille finie $(\lambda_i)_{1\leq i\leq n}$ de nombres réels telle que $\sum_{i=1}^n \lambda_i h_{x_i}$ soit égale à l'application nulle. Ceci signifie que pour tout $t \in \mathbb{R}$:

$$\lambda_1 e^{x_1 t} + \lambda_2 e^{x_2 t} + ... + \lambda_n e^{x_n t} = 0. \tag{1.16}$$

Il est clair que l'on peut, sans restreindre la généralité, supposer que les nombres réels x_i ont été rangés dans l'ordre croissant, *i.e.* $x_1 < x_2 < ... < x_n$. La relation 1.16 s'écrit encore

$$e^{x_n t}[\lambda_1 e^{(x_1-x_n)t} + \lambda_2 e^{(x_2-x_n)t} + ... + \lambda_n] = 0. \tag{1.17}$$

Puisque $e^{x_n t} \neq 0$, pour tout $t \in \mathbb{R}$,

$$\lambda_1 e^{(x_1-x_n)t} + \lambda_2 e^{(x_2-x_n)t} + ... + \lambda_n = 0. \tag{1.18}$$

On a donc trivialement

$$\lim_{t\to+\infty} \lambda_1 e^{(x_1-x_n)t} + \lambda_2 e^{(x_2-x_n)t} + ... + \lambda_n = 0.$$

Or, $x_1 < x_2 < ... < x_n$ implique

$$x_1 - x_n < 0, x_2 - x_n < 0, ..., x_{n-1} - x_n < 0.$$

Par suite,

$$\lim_{t\to+\infty} e^{(x_1-x_n)t} = 0, \ \lim_{t\to+\infty} e^{(x_2-x_n)t} = 0, ..., \ \lim_{t\to+\infty} e^{(x_{n-1}-x_n)t} = 0,$$

d'où l'on déduit

$$\lim_{t\to+\infty} \lambda_1 e^{(x_1-x_n)t} + \lambda_2 e^{(x_2-x_n)t} + ... + \lambda_n = \lambda_n.$$

L'unicité de la limite permet de conclure à $\lambda_n = 0$. La relation 1.16 exprime maintenant que pour tout $t \in \mathbb{R}$,

$$\lambda_1 e^{x_1 t} + \lambda_2 e^{x_2 t} + ... + \lambda_{n-1} e^{x_{n-1} t} = 0. \quad (1.19)$$

Donc,

$$e^{x_{n-1} t}[\lambda_1 e^{(x_1 - x - n - 1)t} + \lambda_2 e^{(x_2 - x_{n-1} t)t} + ... + \lambda_{n-1}] = 0. \quad (1.20)$$

Il suffit de répéter le raisonnement ci-dessus pour obtenir $\lambda_{n-1} = 0$, puis de proche en proche, $\lambda_{n-2} = 0$, .., $\lambda_2 = 0$. La relation 1.16 se réduit alors à $\lambda_1 e^{x_1 t} = 0$, d'où $\lambda_1 = 0$ (puisque $e^{x_1 t} \neq 0$).

Nous avons ainsi prouvé que pour tout $n \in \mathbb{N}^*$, la famille $(h_{x_i})_{1 \leq i \leq n}$ est libre, ce qui a pour conséquence que la famille $(h_x)_{x \in \mathbb{R}}$ est également une famille libre.

Exercice 10 *On désigne par $\mathcal{D}(\mathbb{R}, \mathbb{R})$ l'espace vectoriel sur $\mathbb{R}$ des applications dérivables de $\mathbb{R}$ vers $\mathbb{R}$. Pour tout $x \in \mathbb{R}_+$, on définit l'application k_x, de $\mathbb{R}$ vers $\mathbb{R}$, en posant pour tout $t \in \mathbb{R}$:*

$$k_x(t) = \cos(xt).$$

Montrer que $(k_x)_{x \in \mathbb{R}_+}$ est une famille libre de vecteurs de $\mathcal{D}(\mathbb{R}, \mathbb{R})$.

Solution – Remarquons tout d'abord, que pour tout $x \in \mathbb{R}_+$, l'application k_x est dérivable puisque c'est la composée de deux applications dérivables. La famille $(k_x)_{x \in \mathbb{R}_+}$ est donc bien une famille de vecteurs de $\mathcal{D}(\mathbb{R}, \mathbb{R})$.

Pour montrer que la famille $(k_x)_{x \in \mathbb{R}_+}$ est libre, il nous faut montrer que toute sous-famille finie de n vecteurs $(k_{x_i})_{1 \leq i \leq n}$ est libre, $(n \in \mathbb{N}^*)$. Nous allons montrer ce résultat par récurrence sur l'entier $n \in \mathbb{N}^*$.

- Pour $n = 1$, le résultat est trivial, car pour tout $x_1 \in \mathbb{R}_+$, l'application k_{x_1} n'est pas nulle. (En effet, pour $t = 0$, on a $k_{x_1}(0) = \cos x_1 0 = 1$.)
- Supposons que toute sous-famille finie $(k_{y_i})_{1 \leq i \leq n-1}$ soit libre. Considérons alors une famille finie $(k_{x_i})_{1 \leq i \leq n}$ et une famille finie $(\lambda_i)_{1 \leq i \leq n}$ de nombres réels telles que $\sum_{i=1}^n \lambda_i k_{x_i}$ soit égale à l'application nulle. Ceci signifie que pour tout $t \in \mathbb{R}$:

$$\lambda_1 \cos(x_1 t) + \lambda_2 \cos(x_2 t) + ... + \lambda_n \cos(x_n t) = 0. \quad (1.21)$$

Or, les applications k_{y_i} étant dérivables, on peut affirmer, en dérivant la relation 1.21 que pour tout $t \in \mathbb{R}$:

$$-\lambda_1 x_1 \sin(x_1 t) - \lambda_2 x_2 \sin(x_2 t) - ... - \lambda_n x_n \sin(x_n t) = 0, \quad (1.22)$$

puis, en dérivant une seconde fois,

$$-\lambda_1 x_1^2 \cos(x_1 t) - \lambda_2 x_2^2 \cos(x_2 t) - ... - \lambda_n x_n^2 \cos(x_n t) = 0. \quad (1.23)$$

Multiplions maintenant chaque membre de 1.21 par x_n^2. On obtient :

$$\lambda_1 x_n^2 \cos(x_1 t) + \lambda_2 x_n^2 \cos(x_2 t) + ... + \lambda_n x_n^2 \cos(x_n t) = 0. \quad (1.24)$$

Il est clair que l'on peut, sans restreindre la généralité, supposer que les nombres réels x_i ont été rangés dans l'ordre croissant, c'est-à-dire $0 \leq x_1 < x_2 < ... < x_n$. Ajoutons alors membre à membre 1.24 et 1.23. On obtient, pour tout $t \in \mathbb{R}$:

$$\lambda_1(x_n^2 - x_1^2)\cos(x_1 t) + ... + \lambda_{n-1}(x_n^2 - x_{n-1}^2)\cos(x_{n-1} t) = 0, \quad (1.25)$$

ce qui signifie que l'application $\sum_{i=1}^{n-1} \lambda_i (x_n^2 - x_i^2) k_{x_i}$ est égale à l'application nulle. Compte tenu de l'hypothèse de récurrence, la famille $(k_{x_i})_{1 \leq i \leq n-1}$ est libre, ce qui a pour conséquence

$$\lambda_1(x_n^2 - x_1^2) = 0, ..., \lambda_{n-1}(x_n^2 - x_{n-1}^2) = 0.$$

Or, les inégalités $0 \leq x_1 < ... < x_n$ entraînent $0 \leq x_1^2 < ... < x_n^2$, et par suite, $x_n^2 - x_1^2 \neq 0, ..., x_n^2 - x_{n-1}^2 \neq 0$. Donc

$$\lambda_1 = ... = \lambda_{n-1} = 0$$

En revenant à la relation 1.21, on peut affirmer que pour tout $t \in \mathbb{R}$,

$$\lambda_n \cos(x_n t) = 0,$$

ce qui entraîne en particulier pour $t = 0$, $\lambda_n.1 = \lambda_n = 0$.
La famille $(k_{x_i})_{1 \leq i \leq n}$ est donc bien une famille libre, ce qui achève notre récurrence et permet de conclure au fait que la famille $(k_x)_{x \in \mathbb{R}_+}$ est également une famille libre.

Exercice 11 *On désigne par $\mathcal{F}$ l'espace vectoriel sur $\mathbb{R}$ de toutes les applications de $\mathbb{R}$ vers $\mathbb{R}$. On note $\mathcal{P}$ l'ensemble des éléments de $\mathcal{F}$ constitué des applications paires et $\mathcal{I}$ l'ensemble des éléments de $\mathcal{F}$ constitué des applications impaires. Montrer que $\mathcal{P}$ et $\mathcal{I}$ sont des sous-espaces vectoriels de $\mathcal{F}$ et que*

$$\mathcal{F} = \mathcal{P} \oplus \mathcal{I}.$$

Solution –

- Montrons que $\mathcal{P}$ est un sous-espace vectoriel.
  - Remarquons déjà que $\mathcal{P}$ n'est pas vide puisque l'application nulle est une application paire.
  - Soient f et g des applications paires de $\mathbb{R}$ vers $\mathbb{R}$. On a, pour tout $x \in \mathbb{R}$:

$$(f+g)(-x) = f(-x) + g(-x) = f(x) + g(x) = (f+g)(x),$$

    ce qui montre que $f+g$ est une application paire.
  - Si de plus $\lambda \in R$,

$$(\lambda f)(-x) = \lambda f(-x) = \lambda f(x) = (\lambda f)(x),$$

    ce qui montre que λf est une application paire.

  Ainsi, $\mathcal{P}$ est un sous-espace vectoriel de $\mathcal{F}$.
- Montrons que $\mathcal{I}$ est un sous-espace vectoriel.
  - $\mathcal{I}$ n'est pas vide puisque l'application nulle est une application impaire.
  - Si f et g sont des applications impaires de $\mathbb{R}$ vers $\mathbb{R}$, alors pour tout $x \in \mathbb{R}$,

$$(f+g)(-x) = f(-x) + g(-x) = -f(x) - g(x) = -(f+g)(x),$$

    ce qui montre que $f+g$ est une application impaire.
  - Si de plus $\lambda \in R$,

$$(\lambda f)(-x) = \lambda f(-x) = -\lambda f(x) = -(\lambda f)(x),$$

    ce qui montre que λf est une application impaire.

  Ainsi, $\mathcal{I}$ est un sous-espace vectoriel de $\mathcal{F}$.
- Pour montrer que $\mathcal{F} = \mathcal{P} \oplus \mathcal{I}$, il faut établir :

$$\mathcal{F} = \mathcal{P} + \mathcal{I} \quad (1) \qquad \text{et} \qquad \mathcal{P} \cap \mathcal{I} = \{0_{\mathcal{F}}\} \quad (2).$$

  - Puisque de toute évidence, $\mathcal{P} + \mathcal{I} \subset \mathcal{F}$, il suffit, pour obtenir (1) de prouver que $\mathcal{F} \subset \mathcal{P} + \mathcal{I}$. Soit $f \in \mathcal{F}$. Définissons les applications u et v de $\mathbb{R}$ vers $\mathbb{R}$ en posant pour tout $x \in \mathbb{R}$:

$$u(x) = \frac{1}{2}[f(x) + f(-x)] \quad \text{et} \quad v(x) = \frac{1}{2}[f(x) - f(-x)].$$

    On vérifie alors très aisément que l'application u est paire, que l'application v est impaire et que pour tout $x \in \mathbb{R}$, on a

$$f(x) = u(x) + v(x).$$

    Autrement dit, toute application $f \in \mathcal{F}$ s'écrit $f = u + v$, où $u \in \mathcal{P}$ et $v \in \mathcal{I}$, ce qui signifie que $f \in \mathcal{P} + \mathcal{I}$. Donc, $\mathcal{F} \subset \mathcal{P} + \mathcal{I}$, d'où la relation (1).

– L'inclusion $\{0_{\mathcal{F}}\} \subset \mathcal{P} \cap \mathcal{I}$ est évidente. Il suffit donc, pour obtenir (2) de prouver que $\mathcal{P} \cap \mathcal{I} \subset \{0_{\mathcal{F}}\}$. Soit $f \in \mathcal{P} \cap \mathcal{I}$. L'application f étant à la fois paire et impaire, on a pour tout $x \in \mathbb{R}$, $f(-x) = f(x)$ et $f(-x) = -f(x)$. Par suite, $f(x) = -f(x)$ d'où $2f(x) = 0$ et finalement $f(x) = 0$. L'application f n'est donc autre que l'application nulle, d'où l'inclusion $\mathcal{P} \cap \mathcal{I} \subset \{0_{\mathcal{F}}\}$ et la relation (2).

Nous pouvons donc conclure à

$$\mathcal{F} = \mathcal{P} \oplus \mathcal{I}.$$

Exercice 12 *On désigne par $\mathcal{F}$ l'espace vectoriel sur $\mathbb{R}$ de toutes les applications de $\mathbb{R}$ vers $\mathbb{R}$. On note $\mathcal{H}$ l'ensemble des éléments de $\mathcal{F}$ constitué des applications f vérifiant $f(1) = 0$ et $\mathcal{K}$ l'ensemble des éléments de $\mathcal{F}$ constitué des applications constantes. Montrer que $\mathcal{H}$ et $\mathcal{K}$ sont des sous-espaces vectoriels de $\mathcal{F}$ et que*

$$\mathcal{F} = \mathcal{H} \oplus \mathcal{K}.$$

Solution –

- Montrons que $\mathcal{H}$ est un sous-espace vectoriel.
  – Remarquons déjà que $\mathcal{H}$ n'est pas vide puisque l'application nulle est un élément de $\mathcal{H}$.
  – Soient f et g des applications de $\mathbb{R}$ vers $\mathbb{R}$ vérifiant $f(1) = 0$ et $g(1) = 0$. On a :

$$(f + g)(1) = f(1) + g(1) = 0 + 0 = 0,$$

  ce qui montre que $f + g \in \mathcal{H}$.
  – Si de plus $\lambda \in R$,

$$(\lambda f)(1) = \lambda f(1) = \lambda 0 = 0,$$

  ce qui montre que $\lambda f \in \mathcal{H}$.

  Ainsi, $\mathcal{H}$ est un sous-espace vectoriel de $\mathcal{F}$.

- De même, montrons que $\mathcal{K}$ est un sous-espace vectoriel.
  – Remarquons encore que $\mathcal{K}$ n'est pas vide puisque l'application nulle est une application constante.
  – Soient f et g des applications constantes de $\mathbb{R}$ vers $\mathbb{R}$. Il existe alors $a \in \mathbb{R}$ et $b \in \mathbb{R}$ tels que, pour tout $x \in \mathbb{R}$, $f(x) = a$ et $g(x) = b$. On a, pour $x \in \mathbb{R}$:

$$(f + g)(x) = f(x) + g(x) = a + b,$$

  ce qui montre que $f + g$ est une application constante.

– Si de plus $\lambda \in R$,

$$(\lambda f)(x) = \lambda f(x) = \lambda a,$$

ce qui montre que λf est une application constante.

Ainsi, $\mathcal{H}$ est un sous-espace vectoriel de $\mathcal{F}$.

- Pour montrer que $\mathcal{F} = \mathcal{H} \oplus \mathcal{K}$, il faut établir :

$$\mathcal{F} = \mathcal{H} + \mathcal{K} \quad (1) \qquad \text{et} \qquad \mathcal{H} \cap \mathcal{K} = \{0_{\mathcal{F}}\} \quad (2).$$

– Puisque de toute évidence, $\mathcal{H} + \mathcal{K} \subset \mathcal{F}$, il suffit, pour obtenir (1) de prouver que $\mathcal{F} \subset \mathcal{H} + \mathcal{K}$. Soit $f \in \mathcal{F}$. Définissons les applications u et v de $\mathbb{R}$ vers $\mathbb{R}$ en posant pour tout $x \in \mathbb{R}$:

$$u(x) = f(x) - f(1) \quad \text{et} \quad v(x) = f(1).$$

Il est alors clair que $u(1) = f(1) - f(1) = 0$, *i.e.* $u \in \mathcal{H}$, que l'application v est constante et que pour tout $x \in \mathbb{R}$, on a

$$f(x) = u(x) + v(x).$$

Autrement dit, toute application $f \in \mathcal{F}$ s'écrit $f = u + v$, où $u \in \mathcal{H}$ et $v \in \mathcal{K}$, ce qui signifie que $f \in \mathcal{H} + \mathcal{K}$. Donc, $\mathcal{F} \subset \mathcal{H} + \mathcal{K}$, d'où la relation (1).

– L'inclusion $\{0_{\mathcal{F}}\} \subset \mathcal{H} \cap \mathcal{K}$ est évidente. Il suffit donc, pour obtenir (2) de prouver que $\mathcal{H} \cap \mathcal{K} \subset \{0_{\mathcal{F}}\}$. Soit $f \in \mathcal{H} \cap \mathcal{K}$. On a donc $f(1) = 0$ et comme l'application f est constante, on a pour tout $x \in \mathbb{R}$, $f(x) = 0$. L'application f n'est donc autre que l'application nulle, d'où l'inclusion $\mathcal{H} \cap \mathcal{K} \subset \{0_{\mathcal{F}}\}$ et la relation (2).

Nous pouvons donc conclure à

$$\mathcal{F} = \mathcal{H} \oplus \mathcal{K}.$$

Espaces vectoriels de dimension finie

Exercice 13 *Dans le $\mathbb{R}$-espace vectoriel $\mathbb{R}^3$, on considère les vecteurs :*

$$a = (1, -1, 1),\ b = (0, -1, 2),\ c = (1, -2, 3).$$

1. *La partie $\{a, b, c\}$ est elle libre ?*
2. *On désigne par F le sous-espace vectoriel de $\mathbb{R}^3$ engendré par la partie $\{a, b, c\}$. Déterminer une base de F et en déduire sa dimension.*
3. *On considère la partie*

$$G = \{(\xi, \eta, \zeta) \in \mathbb{R}^3; \xi + 2\eta + \zeta = 0\}.$$

Montrer que G est un sous-espace vectoriel de $\mathbb{R}^3$.

4. *Comparer F et G.*

Solution –

1. On remarque aisément que $a + b = c$, soit $a + b - c = 0_{\mathbb{R}^3}$. La partie $\{a, b, c\}$ n'est donc pas libre, mais liée.
2. Montrons que $\{a, b\}$ est une base de F.
   - Montrons que $\{a, b\}$ est une partie libre. Soient λ et μ des nombres réels tels que $\lambda a + \mu b = 0_{\mathbb{R}^3}$, *i.e.*

$$\lambda(1, -1, 1) + \mu(0, -1, 2) = (0, 0, 0).$$

On a :

$$(\lambda, -\lambda - \mu, \lambda + 2\mu) = (0, 0, 0),$$

ce qui équivaut à

$$\begin{cases} \lambda = 0 \\ -\lambda - \mu = 0 \\ \lambda + 2\mu = 0. \end{cases}$$

d'où l'on déduit trivialement $\lambda = \mu = 0$, et il est clair que $\lambda = 0$ et $\mu = 0$ satisfont bien au système ci-dessus. La partie $\{a, b\}$ est donc libre.

   - Montrons que $\{a, b\}$ est une partie génératrice de F, c'est-à-dire que $Vect(\{a, b\}) = F$.
     – D'une part, puisque $\{a, b\} \subset \{a, b, c\}$, on a

$$Vect(\{a, b\}) \subset Vect(\{a, b, c\}) = F.$$

– D'autre part, si $x \in F$, il existe des nombres réels α, β et γ tels que $x = \alpha a + \beta b + \gamma c$ (*cf.* Proposition 7). Or, $c = a + b$, donc

$$x = \alpha a + \beta b + \gamma(a + b) = (\alpha + \gamma)a + \beta b,$$

ce qui prouve que $x \in Vect(\{a, b\})$. Par suite $F \subset Vect(\{a, b\})$.

Finalement $F = Vect(\{a, b\})$. La partie $\{a, b\}$ étant à la fois libre et génératrice, c'est donc une base de F. Par conséquent, $dim(F) = 2$.

3. • Il est clair que G n'est pas vide puisque $(0, 0, 0) \in G$.
   • Soient (ξ, η, ζ) et (ξ', η', ζ') des vecteurs de G. On a donc :

$$\xi + 2\eta + \zeta = 0 \quad \text{et} \quad \xi' + 2\eta' + \zeta' = 0, \tag{1.26}$$

En ajoutant membre à membre ces relations, on obtient :

$$\xi + \xi' + 2(\eta + \eta') + (\zeta + \zeta') = 0,$$

ce qui prouve que

$$(\xi + \xi', \eta + \eta', \zeta + \zeta') = (\xi, \eta, \zeta) + (\xi', \eta', \zeta') \in G.$$

   • De plus, si $\lambda \in \mathbb{R}$, on a :

$$\lambda\xi + 2\lambda\eta + \lambda\zeta = 0,$$

ce qui prouve que

$$(\lambda\xi, \lambda\eta, \lambda\zeta) = \lambda(\xi, \eta, \zeta) \in G.$$

Ainsi G est bien un sous-espace vectoriel de $\mathbb{R}^3$.

4. • On voit facilement que $a = (1, -1, 1)$ et $b = (0, -1, 2)$ sont des éléments de G. Par suite, la relation $\{a, b\} \subset G$ implique la relation $Vect(\{a, b\}) \subset Vect(G) = G$.
   • D'autre part, soit $x = (\xi, \eta, \zeta) \in G$. Ecrivons alors, compte tenu du fait que $\xi + 2\eta + \zeta = 0$:

$$\begin{aligned} x &= (\xi, \eta, \zeta) = (\xi, \eta, -\xi - 2\eta) \\ &= (\xi, -\xi + \eta + \xi, \xi - 2\xi - 2\eta) \\ &= (\xi, -\xi, \xi) + (0, \eta + \xi, -2\xi - 2\eta) \\ &= \xi(1, -1, 1) - (\eta + \xi)(0, -1, 2) = \xi a - (\eta + \xi)b, \end{aligned}$$

ce qui prouve que $x \in Vect(\{a, b\})$. Par suite, $G \subset Vect(\{a, b\})$.

Finalement $G = Vect(\{a, b\})$. Or, nous avons vu plus haut que l'on a aussi $F = Vect(\{a, b\})$. Nous pouvons donc conclure à $F = G$.

Exercice 14 *Dans le $\mathbb{R}$-espace vectoriel $\mathbb{R}^4$, on considère la partie*

$$F = \{(\xi, \eta, \zeta, \omega) \in \mathbb{R}^4; \xi = 2\eta - \zeta \text{ et } \omega = \xi + \eta + \zeta\}.$$

Montrer que F est un sous-espace vectoriel de $\mathbb{R}^4$ et en déterminer une base.

Solution –

- Il est clair que F n'est pas vide puisque $(0,0,0,0) \in F$.
- Soient $(\xi, \eta, \zeta, \omega)$ et $(\xi', \eta', \zeta', \omega')$ des vecteurs de F. On a donc :

$$\xi = 2\eta - \zeta \quad \text{et} \quad \omega = \xi + \eta + \zeta, \tag{1.27}$$

ainsi que

$$\xi' = 2\eta' - \zeta' \quad \text{et} \quad \omega' = \xi' + \eta' + \zeta'. \tag{1.28}$$

En ajoutant membre à membre les relations 1.27 et 1.28, on obtient :

$$\xi + \xi' = 2(\eta + \eta') + \zeta + \zeta' \quad \text{et} \quad \omega + \omega' = \xi + \xi' + \eta + \eta' + \zeta + \zeta',$$

ce qui prouve que

$$(\xi + \xi', \eta + \eta', \zeta + \zeta', \omega + \omega') = (\xi, \eta, \zeta, \omega) + (\xi', \eta', \zeta', \omega') \in F.$$

- De plus, si $\lambda \in \mathbb{R}$, on déduit de 1.27 :

$$\lambda\xi = 2\lambda\eta + 2\lambda\zeta \quad \text{et} \quad \lambda\omega = \lambda\xi + \lambda\eta + \lambda\zeta,$$

ce qui prouve que

$$(\lambda\xi, \lambda\eta, \lambda\zeta, \lambda\omega) = \lambda(\xi, \eta, \zeta, \omega) \in F.$$

Nous pouvons donc conclure au fait que F est bien un sous-espace vectoriel de $\mathbb{R}^4$.

Remarque - Une preuve plus élégante (mais qui utilise la Proposition 27 du chapitre suivant) consiste à remarquer que F n'est autre que le noyau de l'application linéaire ϕ, de $\mathbb{R}^4$ vers $\mathbb{R}^2$, définie, pour tout $(\xi, \eta, \zeta, \omega) \in \mathbb{R}^4$ par

$$\phi[(\xi, \eta, \zeta, \omega)] = (\xi - 2\eta + \zeta, \xi + \eta + \zeta - \omega).$$

Remarquons maintenant que si l'on choisit les composantes η et ζ d'un vecteur de F, les valeurs des composantes ξ puis ω s'en déduisent univoquement. Par exemple :

– pour $\eta = 1$ et $\zeta = 0$, le vecteur $h = (2, 1, 0, 3)$ appartient à F,

– pour $\eta = 0$ et $\zeta = 1$, le vecteur $k = (-1, 0, 1, 0)$ appartient également à F.

Nous allons montrer que $\{h, k\}$ est une base de F.

- Montrons que $\{h, k\}$ est une partie libre. Soient λ et μ des nombres réels tels que $\lambda h + \mu k = 0_{\mathbb{R}^4}$, *i.e.*
$$\lambda(2, 1, 0, 3) + \mu(-1, 0, 1, 0) = (0, 0, 0, 0).$$
On a
$$(2\lambda - \mu, \lambda, \mu, 3\lambda) = (0, 0, 0, 0),$$
ce qui équivaut à
$$\begin{cases} 2\lambda - \mu = 0 \\ \lambda = 0 \\ \mu = 0 \\ 3\lambda = 0 \end{cases}$$
d'où l'on déduit trivialement $\lambda = \mu = 0$, et il est clair que $\lambda = 0$ et $\mu = 0$ satisfont bien au système ci-dessus. La partie $\{h, k\}$ est donc libre.
- Montrons maintenant que $\{h, k\}$ est une partie génératrice. Soit
$$v = (\xi, \eta, \zeta, \omega) \in F.$$
Nous pouvons alors écrire
$$\begin{aligned} v &= (2\eta - \zeta, \eta, \zeta, 3\eta) = (2\eta, \eta, 0, 3\eta) + (-\zeta, 0, \zeta, 0) \\ &= \eta(2, 1, 0, 3) + \zeta(-1, 0, 1, 0) = \eta h + \zeta k, \end{aligned}$$
ce qui prouve que v est combinaison linéaire de h et de k, c'est-à-dire que $v \in Vect(\{h, k\})$. Par suite, $F \subset Vect(\{h, k\})$. L'inclusion $Vect(\{h, k\}) \subset F$ étant évidente, $F = Vect(\{h, k\})$.

La paire $\{h, k\}$ étant une partie libre et génératrice, c'est donc une base de F.

Exercice 15 *Dans le $\mathbb{R}$-espace vectoriel $\mathbb{R}^4$, on considère les vecteurs :*
$$a = (2, 3, -1, 0),\ b = (-3, 1, 0, 2),\ c = (-5, 9, -2, 6),\ d = (5, 2, -1, -2).$$
On désigne par F le sous-espace vectoriel de $\mathbb{R}^4$ engendré par la partie $\{a, b\}$ et par G le sous-espace vectoriel de $\mathbb{R}^4$ engendré par la partie $\{c, d\}$.

1. *Déterminer une base de chacun de ces sous-espaces vectoriels et en déduire leur dimension.*
2. *Montrer que $F = G$.*

Solution –

1. • Par définition de F, $\{a, b\}$ est une partie génératrice de F. Montrons que $\{a, b\}$ est une partie libre. Soient λ et μ des nombres réels tels que $\lambda a + \mu b = 0_{\mathbb{R}^4}$, *i.e.*

$$\lambda(2,3,-1,0) + \mu(-3,1,0,2) = (0,0,0,0),$$

soit

$$(2\lambda - 3\mu, 3\lambda + \mu, -\lambda, 2\mu) = (0,0,0,0).$$

Ceci équivaut à

$$\begin{cases} 2\lambda - 3\mu = 0 \\ 3\lambda + \mu = 0 \\ -\lambda = 0 \\ 2\mu = 0 \end{cases}$$

d'où l'on déduit trivialement $\lambda = \mu = 0$, et il est clair que $\lambda = 0$ et $\mu = 0$ satisfont bien au système ci-dessus. La partie $\{a, b\}$ est donc libre. Par suite, $\{a, b\}$ est une partie libre et génératrice de F. C'est donc une base de F, et l'on a $dim(F) = 2$.

• Par définition de G, $\{c, d\}$ est une partie génératrice de G. Montrons que $\{c, d\}$ est libre. Soient λ et μ des nombres réels tels que

$$\lambda c + \mu d = 0_{\mathbb{R}^4},$$

i.e.

$$\lambda(-5,9,-2,6) + \mu(5,2,-1,-2) = (0,0,0,0),$$

soit

$$(-5\lambda + 5\mu, 9\lambda + 2\mu, -2\lambda - \mu, 6\lambda - 2\mu) = (0,0,0,0).$$

Ceci équivaut à

$$\begin{cases} -5\lambda + 5\mu = 0 & (1) \\ 9\lambda + 2\mu = 0 & (2) \\ -2\lambda - \mu = 0 & (3) \\ 6\lambda - 2\mu = 0. & (4) \end{cases}$$

De la relation (2), on tire $2\mu = -9\lambda$, et la relation (4) s'écrit $15\lambda = 0$, d'où $\lambda = 0$. La relation (1) donne alors $5\mu = 0$, d'où $\mu = 0$ et il est aisé de vérifier que $\lambda = 0$ et $\mu = 0$ satisfont bien au système ci-dessus. La partie $\{c, d\}$ est donc libre. Par suite, $\{c, d\}$ est une partie libre et génératrice de G. C'est donc une base de G, et l'on a $dim(G) = 2$.

2. – Montrons d'abord que $G \subset F$. Soit $u \in G$. Puisque $G = Vect(\{c, d\})$, il existe des nombres réels α et β tels que $u = \alpha c + \beta d$ (*cf.* Proposition 7), soit

$$\begin{aligned} u &= \alpha(-5, 9, -2, 6) + \beta(5, 2, -1, -2) \\ &= (-5\alpha + 5\beta, 9\alpha + 2\beta, -2\alpha - \beta, 6\alpha - 2\beta). \end{aligned}$$

Pour montrer que $u \in F$, il faut établir, toujours en vertu de la Proposition 7 qu'il existe des nombres réels ξ et η tels que $u = \xi a + \eta b$, soit

$$\begin{aligned} u &= \xi(2, 3, -1, 0) + \eta(-3, 1, 0, 2) \\ &= (2\xi - 3\eta, 3\xi + \eta, -\xi, 2\eta). \end{aligned}$$

Il nous faut donc étudier le système d'équations

$$\begin{cases} 2\xi - 3\eta &= -5\alpha + 5\beta \quad (1) \\ 3\xi + \eta &= 9\alpha + 2\beta \quad (2) \\ -\xi &= -2\alpha - \beta \quad (3) \\ 2\eta &= 6\alpha - 2\beta \quad (4) \end{cases}$$

où α et β sont des nombres réels donnés (quelconques) et où les inconnues sont ξ et η. De la relation (3), on tire $\xi = 2\alpha + \beta$, et de la relation (4) on tire $\eta = 3\alpha - \beta$. Il est ensuite facile de vérifier que ces valeurs satisfont aux relations (1) et (2). Il en résulte que u s'écrit (d'une unique façon d'ailleurs)

$$u = (2\alpha + \beta)a + (3\alpha - \beta)b,$$

et donc que $u \in F$. On a donc bien $G \subset F$.

– Puisque $G \subset F$ et puisqu'on a établi que $dim(G) = dim(F)$, on peut conclure à $F = G$ (*cf.* Proposition 18).

Exercice 16 *Dans le $\mathbb{R}$-espace vectoriel $\mathbb{R}^4$, on considère les vecteurs :*

$$\begin{aligned} &a = (1, 1, 1, 1),\ b = (1, -1, 1, -1),\ c = (1, 3, 1, 3), \\ &x = (1, 2, 0, 2),\ y = (1, 2, 1, 2),\ z = (3, 1, 3, 1). \end{aligned}$$

On désigne par F le sous-espace vectoriel de $\mathbb{R}^4$ engendré par $\{a, b, c\}$ et par G le sous-espace vectoriel de $\mathbb{R}^4$ engendré par $\{x, y, z\}$. Déterminer une base de F, G, $F \cap G$, $F + G$ et en déduire la dimension de chacun d'eux.

Solution –

- Etudions F.
  - Montrons que $\{a, b\}$ est une partie libre. Soient λ et μ des nombres réels tels que $\lambda a + \mu b = 0_{\mathbb{R}^4}$, *i.e.*

$$\lambda(1, 1, 1, 1) + \mu(1, -1, 1, -1) = (0, 0, 0, 0),$$

soit

$$(\lambda + \mu, \lambda - \mu, \lambda + \mu, \lambda - \mu) = (0, 0, 0, 0).$$

Ceci équivaut à

$$\begin{cases} \lambda + \mu = 0 & (1) \\ \lambda - \mu = 0, & (2) \end{cases}$$

d'où l'on déduit trivialement $\lambda = \mu = 0$, et le résultat annoncé.

  - Montrons ensuite que $F = Vect(\{a, b\})$. L'inclusion $\{a, b\} \subset \{a, b, c\}$ entraîne déjà

$$Vect(\{a, b\}) \subset Vect(\{a, b, c\}) = F,$$

d'après la Proposition 4. Réciproquement, soit $u \in F$. Il existe alors des nombres réels α, β et γ tels que $u = \alpha a + \beta b + \gamma c$ (*cf.* Proposition 7). Remarquons alors que $c = 2a - b$. Par suite, u s'écrit

$$u = \alpha a + \beta b + \gamma(2a - b) = (\alpha + 2\beta)a + (\beta b - \gamma)b,$$

ce qui montre que $u \in Vect(\{a, b\})$ et donc que $F \subset Vect(\{a, b\})$. Par suite,

$$F = Vect(\{a, b\}).$$

  - Il résulte de tout ceci que $\{a, b\}$ est une partie libre et génératrice de F. C'est donc une base de F, et l'on a $dim(F) = 2$.
- Etudions G.
  - Par définition de G, $\{x, y, z\}$ est une partie génératrice de G.
  - Montrons que $\{x, y, z\}$ est une partie libre. Soient λ, μ et ν des nombres réels tels que $\lambda x + \mu y + \nu z = 0_{\mathbb{R}^4}$, *i.e.*

$$\lambda(1, 2, 0, 2) + \mu(1, 2, 1, 2) + \nu(3, 1, 3, 1) = (0, 0, 0, 0),$$

soit

$$(\lambda + \mu + 3\nu, 2\lambda + 2\mu + \nu, \mu + 3\nu, 2\lambda + 2\mu + \nu) = (0, 0, 0, 0).$$

Ceci équivaut à

$$\begin{cases} \lambda + \mu + 3\nu = 0 & (1) \\ 2\lambda + 2\mu + \nu = 0 & (2) \\ \mu + 3\nu = 0. & (3) \end{cases}$$

En retranchant la relation (3) de la relation (1), on tire $\lambda = 0$ et la relation (2) s'écrit alors $2\mu + \nu = 0$, d'où $\nu = -2\mu$. La relation (3) devient donc $-5\mu = 0$, d'où $\mu = 0$, puis $\nu = 0$. Il est facile de vérifier que $\lambda = 0$, $\mu = 0$ et $\nu = 0$ satisfont bien au système ci-dessus. La partie $\{x, y, z\}$ est donc libre.

- Finalement, $\{x, y, z\}$ est une partie libre et génératrice de G. C'est donc une base de G et $dim(G) = 3$.

- Etudions $F \cap G$. L'inclusion $F \cap G \subset F$ implique

$$dim(F \cap G) \leq dim(F) = 2.$$

Nous allons montrer qu'en fait,

$$dim(F \cap G) = 2.$$

Remarquons d'abord judicieusement que

$$z = 2a + b \quad \text{et} \quad 2y = 3a - b, \text{ soit } y = \frac{3}{2}a - \frac{1}{2}b.$$

Nous en déduisons que $z \in Vect(\{a, b\}) = F$ et de même $y \in F$. Or, $z \in G$ et $y \in G$. Par suite, $z \in F \cap G$ et $y \in F \cap G$.
Or, la partie $\{y, z\}$ est libre puisqu'incluse dans une partie libre et l'inclusion $\{y, z\} \subset F \cap G$ entraîne $dim(F \cap G) \geq 2$. Finalement, $dim(F \cap G) = 2$, donc $F \cap G = F$ et $\{y, z\}$ est une base de $F \cap G$.

- Etudions $F + G$. Comme $F \cap G = F$, on a $F \subset G$, inclusion qui entraîne $F \cup G = G$, d'où, puisque $F + G = Vect(F \cup G)$,

$$F + G = Vect(G) = G.$$

Par suite, $\{x, y, z\}$ est une base de $F + G$.

Exercice 17 *Dans le $\mathbb{R}$-espace vectoriel $\mathbb{R}^4$, on considère les vecteurs :*

$$a = (1, 3, 0, 3), \; b = (2, 1, 3, -2), \; c = (0, 1, 0, 0), \; d = (1, 0, -1, -1).$$

On désigne par F le sous-espace vectoriel de $\mathbb{R}^4$ engendré par $\{a, b\}$ et par G le sous-espace vectoriel de $\mathbb{R}^4$ engendré par $\{c, d\}$.

1. *Déterminer une base de F et de G. En déduire la dimension de chacun d'eux.*
2. *Déterminer $F \cap G$.*
3. *En déduire $F + G$. Que peut-on conclure ?*

Solution –

1. • Par définition de F, $\{a, b\}$ est une partie génératrice de F. Montrons que $\{a, b\}$ est une partie libre. Soient λ et μ des nombres réels tels que $\lambda a + \mu b = 0_{\mathbb{R}^4}$, *i.e.*

$$\lambda(1,3,0,3) + \mu(2,1,3,-2) = (0,0,0,0),$$

soit

$$(\lambda + 2\mu, 3\lambda + \mu, 3\mu, 3\lambda - 2\mu) = (0,0,0,0).$$

Ceci équivaut à

$$\begin{cases} \lambda + 2\mu = 0 \\ 3\lambda + \mu = 0 \\ 3\mu = 0 \\ 3\lambda - 2\mu = 0, \end{cases}$$

d'où l'on déduit trivialement $\lambda = \mu = 0$, et il est clair que $\lambda = 0$ et $\mu = 0$ satisfont bien au système ci-dessus. La partie $\{a, b\}$ est donc libre. Par suite, $\{a, b\}$ est une partie libre et génératrice de F. C'est donc une base de F, et finalement $dim(F) = 2$.

• Par définition de G, $\{c, d\}$ est une partie génératrice de G. Montrons que $\{c, d\}$ est une partie libre. Soient λ et μ des nombres réels tels que $\lambda c + \mu d = 0_{\mathbb{R}^4}$, *i.e.*

$$\lambda(0,1,0,0) + \mu(1,0,-1,-1) = (0,0,0,0),$$

soit

$$(\mu, \lambda, -\mu, -\mu) = (0,0,0,0).$$

Ceci équivaut visiblement à $\lambda = \mu = 0$. La partie $\{c, d\}$ est donc libre. Par suite, $\{c, d\}$ est une partie libre et génératrice de G. C'est donc une base de G, et finalement $dim(G) = 2$.

2. Soit $x \in F \cap G$. Puisque $x \in F$, il existe des nombres réels α et β tels que $x = \alpha a + \beta b$, et puisque $x \in G$, il existe des nombres réels γ et δ, tels que $x = \gamma c + \delta d$. Par suite, $\alpha a + \beta b = \gamma c + \delta d$, *i.e.*

$$\alpha(1,3,0,3) + \beta(2,1,3,-2) = \gamma(0,1,0,0) + \delta(1,0,-1,-1),$$

soit

$$(\alpha + 2\beta, 3\alpha + \beta, 3\beta, 3\alpha - 2\beta) = (\delta, \gamma, -\delta, -\delta).$$

Ceci se traduit par

$$\begin{cases} \alpha + 2\beta & = \delta & (1) \\ 3\alpha + \beta & = \gamma & (2) \\ 3\beta & = -\delta & (3) \\ 3\alpha - 2\beta & = -\delta. & (4) \end{cases}$$

En ajoutant membre à membre les relations (1) et (4), on tire $4\alpha = 0$ d'où $\alpha = 0$. La relation (4) s'écrit alors

$$-2\beta = -\delta. \quad (5)$$

En retranchant la relation (5) de la relation (3), on tire $5\beta = 0$, d'où $\beta = 0$. Les relations (1) et (2) fournissent alors $\delta = 0$ et $\gamma = 0$, et il est clair que $\alpha = 0$, $\beta = 0$, $\gamma = 0$ et $\delta = 0$ satisfont bien au système ci-dessus. Par suite, $x = 0$. On a ainsi montré que $F \cap G \subset \{0_{\mathbb{R}^4}\}$. Comme $\{0_{\mathbb{R}^4}\} \subset F \cap G$, nous pouvons conclure à

$$F \cap G = \{0_{\mathbb{R}^4}\}.$$

3. La formule de GRASSMANN (*cf.* Proposition 20) s'écrit

$$dim(F + G) = dim(F) + dim(G) - dim(F \cap G),$$

soit compte tenu des résultats prouvés plus haut

$$dim(F + G) = 2 + 2 - 0 = 4.$$

Il en résulte évidemment que $F + G = \mathbb{R}^4$, et comme $F \cap G = \{0_{\mathbb{R}^4}\}$, nous pouvons conclure à

$$F \oplus G = \mathbb{R}^4.$$

Exercice 18 *Pour $n \in \mathbb{N}^*$, on désigne par $\mathbb{R}_n[X]$ l'espace vectoriel sur $\mathbb{R}$ des polynômes à coefficients réels, de degré inférieur ou égal à n.*
Soit $A(X)$ un élément de $\mathbb{R}_n[X]$ de degré p, $p \geq 1$. On pose :

$$\mathcal{F} = \{P(X) \in \mathbb{R}_n[X]; A(X) \text{ divise } P(X)\}.$$

Montrer que $\mathcal{F}$ est un sous-espace vectoriel de $\mathbb{R}_n[X]$ et que

$$\mathbb{R}_n[X] = \mathcal{F} \oplus \mathbb{R}_{p-1}[X].$$

Solution –

- Montrons que $\mathcal{F}$ est un sous-espace vectoriel de $\mathbb{R}_n[X]$.
  - Remarquons déjà que $\mathcal{F}$ n'est pas vide puisque $A(X) \in \mathcal{F}$.
  - Soient $P(X)$ et $Q(X)$ des éléments de $\mathcal{F}$. Par définition de $\mathcal{F}$, il existe alors des polynômes $K(X)$ et $L(X)$ de $\mathbb{R}_n[X]$ tels que

    $$P(X) = A(X)K(X) \quad \text{et} \quad Q(X) = A(X)L(X),$$

    d'où

    $$P(X) + Q(X) = A(X)[K(X) + L(X)],$$

    ce qui montre que $P(X) + Q(X) \in \mathcal{F}$.

– De plus, si $\lambda \in \mathbb{R}$,

$$\lambda P(X) = \lambda[A(X)K(X)] = A(X)[\lambda K(X)],$$

ce qui montre que $\lambda P(X) \in \mathcal{F}$.

Ainsi, $\mathcal{F}$ est un sous-espace vectoriel de $\mathbb{R}_n[X]$.

- Pour montrer que $\mathbb{R}_n[X] = \mathcal{F} \oplus \mathbb{R}_{p-1}[X]$, nous allons utiliser la Proposition 6. Soit $P(X) \in \mathbb{R}_n[X]$. Effectuons la division euclidienne de $P(X)$ par $A(X)$. Il existe un unique couple $(K(X), R(X))$ de polynômes de $\mathbb{R}_n[X]$, tels que

$$P(X) = A(X)K(X) + R(X) \quad \text{et} \quad deg[R(X)] < deg[A(X)] = p.$$

Il est alors clair que le polynôme $Q(X) = A(X)K(X)$ est un élément de $\mathcal{F}$ et que le polynôme $R(X)$ appartient à $\mathbb{R}_{p-1}[X]$. Par suite, le polynôme $P(X)$ s'écrit d'une unique manière sous la forme

$$P(X) = Q(X) + R(X),$$

où $Q(X) \in \mathcal{F}$ et $R(X) \in \mathbb{R}_{p-1}[X]$. La Proposition 6 permet alors de conclure à

$$\mathbb{R}_n[X] = \mathcal{F} \oplus \mathbb{R}_{p-1}[X].$$

Exercice 19 *Soit E un espace vectoriel sur K, que l'on suppose de dimension finie n, et soient M et N deux hyperplans distincts de E.*

1. *Montrer que $E = M + N$.*
2. *En déduire la dimension de $M \cap N$.*

Solution –

1. Puisque $M \neq N$, il existe $a \in N$, $a \neq 0_E$, $a \notin M$ ou il existe $b \in M$, $b \neq 0_E$, $b \notin N$. Plaçons nous dans le premier cas, ce qui ne restreint pas la généralité puisque M et N jouent des rôles analogues. Il est clair que

$$M \subset M + N, \tag{1.29}$$

car si $x \in M$, il suffit d'écrire $x = x + 0_E$ pour voir que $x \in M + N$. D'autre part, en écrivant $a = 0_E + a$, on voit que $a \in M + N$. Comme $a \notin M$, l'inclusion 1.29 est stricte. Par suite, nous avons les inégalités

$$n - 1 = dim(M) < dim(M + N) \leq dim(E) = n.$$

Il en résulte que nécessairement

$$dim(M + N) = n,$$

ce qui implique que

$$M + N = E.$$

2. La formule de GRASSMANN nous permet d'écrire :

$$dim(M+N) = dim(M) + dim(N) - dim(M \cap N),$$

soit, puisque $M + N = E$,

$$n = (n-1) + (n-1) - dim(M \cap N).$$

Nous en déduisons aisément

$$dim(M \cap N) = n - 2,$$

ce qui répond à la question posée.

Exercice 20 *Soit E un espace vectoriel sur K, que l'on suppose de dimension finie n, et soient F et G des sous-espaces vectoriels de E. Montrer que, pour qu'il existe un sous-espace vectoriel H de E, supplémentaire commun à F et à G, il faut et il suffit que $dim(F) = dim(G)$.*

Indication - Utiliser le fait que si la réunion de deux sous-espaces vectoriels est un sous-espace vectoriel, l'un des deux contient l'autre (*cf.* Exercice 4).

Solution –

- Supposons que F et G admettent un supplémentaire commun H. Nous en déduisons (*cf.* Proposition 20) :

$$dim(F) + dim(H) = n \quad \text{et} \quad dim(G) + dim(H) = n,$$

d'où

$$dim(F) = n - dim(H) = dim(G).$$

- Réciproquement, montrons que si F et G sont des sous-espaces vectoriels de E de même dimension r, ils admettent un supplémentaire commun H. Posons $k = n - r$[6] et raisonnons par récurrence sur k, $k \geq 0$.
  - Si $k = 0$, *i.e.* $r = n$, alors $F = G = E$. En posant $H = \{0_E\}$, le problème est résolu.
  - Supposons (hypothèse de récurrence) que le résultat soit acquis jusqu'au rang $k-1 = n-r-1 \geq 0$, et prouvons le au rang $k = n-r \geq 1$. Soient donc F et G des sous-espaces vectoriels de codimension $k \geq 1$ (et donc de dimension $r = n - k \leq n-1$). Montrons d'abord que

$$F \cup G \neq E.$$

6. Cet entier k est appelé la *codimension* d'un espace vectoriel de dimension r.

Pour ce faire, raisonnons par l'absurde en supposant que

$$F \cup G = E.$$

Nous sommes ici dans le cas où la réunion des sous-espaces vectoriels F et G est un sous-espace vectoriel. Un résultat classique (*cf.* Exercice 4), nous apprend que nécessairement

$$F \subset G \text{ ou } G \subset F,$$

ce qui implique que

$$F \cup G = G \text{ ou } F \cup G = F,$$

et donc

$$E = G \text{ ou } E = F.$$

Ceci n'est pas possible puisque les dimensions de F et de G n'excèdent pas $n-1$. Par conséquent, $F \cup G \neq E$, ce qui nous permet de dire qu'il existe $x \in E$, $x \notin F \cup G$. Posons alors :

$$F' = F + Vect(\{x\}) \quad \text{et} \quad G' = G + Vect(\{x\}).$$

Puisque $x \notin F$, $F \cap Vect(\{x\}) = \{0_E\}$ et la formule de GRASSMANN (*cf.* Proposition 20) nous donne

$$dim[F+Vect(\{x\})] = dim(F)+dim[Vect(\{x\})]-dim[F\cap Vect(\{x\})],$$

soit

$$dim(F') = r+1-0 = r+1.$$

Pour les mêmes raisons,

$$dim(G') = r+1.$$

Les sous-espaces vectoriels F' et G' sont donc de même dimension $r+1$, (et par suite de codimension $n-(r+1) = n-r-1 = k-1$). Appliquons alors l'hypothèse de récurrence qui affirme l'existence d'un sous-espace vectoriel H', supplémentaire commun à F' et G'. Posons ensuite

$$H = Vect(\{x\}) + H'.$$

Nous avons alors

$$E = F' \oplus H' = F \oplus Vect(\{x\}) \oplus H' = F \oplus H,$$

et de même

$$E = G' \oplus H' = G \oplus Vect(\{x\}) \oplus H' = G \oplus H,$$

ce qui prouve que H est bien un supplémentaire commun à F et à G et achève notre récurrence.

Nous avons ainsi prouvé que des sous-espaces vectoriels de même dimension admettent un supplémentaire commun.

En définitive, l'équivalence cherchée est démontrée.

Exercice 21 *Soit E un espace vectoriel sur K, que l'on suppose de dimension finie n, et soient $F_1, F_2, ..., F_k$ des sous-espaces vectoriels de E tels que :*

$$E = \sum_{1 \leq i \leq k} F_i \quad (1) \qquad \text{et} \qquad \sum_{1 \leq i \leq k} dim(F_i) = n \quad (2).$$

Montrer que nécessairement

$$E = \bigoplus_{1 \leq i \leq k} F_i.$$

Solution – Compte tenu de l'hypothèse (1), il reste à prouver que pour tout $i \in \{1, 2, ..., k\}$, on a

$$F_i \cap (\sum_{1 \leq j \leq k, j \neq i} F_j) = \{0_E\}.$$

Pour tout $i \in \{1, 2, ..., k\}$, nous avons les inégalités

$$dim(F_i) + dim(\sum_{1 \leq j \leq k, j \neq i} F_j) \leq dim(F_i) + \sum_{1 \leq j \leq k, j \neq i} dim(F_j).$$

soit, compte tenu de l'hypothèse (2),

$$dim(F_i) + dim(\sum_{1 \leq j \leq k, j \neq i} F_j) \leq n. \tag{1.30}$$

D'autre part, en utilisant la formule de GRASSMANN (*cf.* Proposition 20),

$$dim(F_i + \sum_{1 \leq j \leq k, j \neq i} F_j) = dim(F_i) + dim(\sum_{1 \leq j \leq k, j \neq i} F_j) - dim[F_i \cap (\sum_{1 \leq j \leq k, j \neq i} F_j)],$$

soit, compte tenu de l'hypothèse (1),

$$n = dim(F_i) + dim(\sum_{1 \leq j \leq k, j \neq i} F_j) - dim[F_i \cap (\sum_{1 \leq j \leq k, j \neq i} F_j)],$$

puis, à l'aide de 1.30,

$$n \leq n - dim[F_i \cap (\sum_{1 \leq j \leq k, j \neq i} F_j)],$$

soit encore

$$dim[F_i \cap (\sum_{1 \leq j \leq k, j \neq i} F_j)] \leq 0.$$

Or, la dimension d'un sous-espace vectoriel étant par définition un entier positif ou nul, on a nécessairement

$$dim[F_i \cap (\sum_{1 \leq j \leq k, j \neq i} F_j)] = 0, \quad \text{d'où} \quad F_i \cap (\sum_{1 \leq j \leq k, j \neq i} F_j) = \{0_E\},$$

ce qui achève notre démonstration.

Exercice 22 *Soit E un espace vectoriel sur K, que l'on suppose de dimension finie n, et soit $(F_i)_{i\in I}$ une famille quelconque de sous-espaces vectoriels de E.*

1. *Montrer qu'il existe deux parties finies J_0 et K_0, $J_0 \subset I$ et $K_0 \subset I$, telles que :*
$$\bigcap_{i\in I} F_i = \bigcap_{j\in J_0} F_j \quad \text{et} \quad \sum_{i\in I} F_i = \sum_{k\in K_0} F_k.$$
2. *Montrer à l'aide d'un exemple, que dans le cas où E n'est pas de dimension finie, le résultat ci-dessus tombe en défaut.*

Solution –

1. • Considérons les sous-espaces vectoriels de E qui sont des intersections finies de sous-espaces vectoriels de la famille $(F_i)_{i\in I}$, *i.e.* qui sont du type
$$\bigcap_{j\in J} F_j, \text{ où } J \text{ est une partie finie de } I,$$
et désignons par P l'ensemble des entiers compris entre 0 et n qui sont dimension de chacune de ces intersections, *i.e.*
$$P = \{p \in \mathbb{N};\ 0 \leq p \leq n;\ \text{il existe } J \subset I, J \text{ finie }, p = \bigcap_{j\in J} F_j\}.$$
L'ensemble P est une partie non vide de $\mathbb{N}$, et à ce titre possède un plus petit élément p_0. Désignons alors par J_0 une partie finie de I telle que
$$dim(\bigcap_{j\in J_0} F_j) = p_0,$$
et montrons que J_0 répond à la question posée. Soit $i \in I$. De l'inclusion
$$F_i \cap (\bigcap_{j\in J_0} F_j) \subset \bigcap_{j\in J_0} F_j, \tag{1.31}$$
nous déduisons :
$$dim[F_i \cap (\bigcap_{j\in J_0} F_j)] \leq dim(\bigcap_{j\in J_0} F_j).$$
D'autre part, par définition de p_0,
$$dim(\bigcap_{j\in J_0} F_j) \leq dim[F_i \cap (\bigcap_{j\in J_0} F_j)].$$

Il en résulte que

$$dim[F_i \cap (\bigcap_{j\in J_0} F_j)] = dim(\bigcap_{j\in J_0} F_j),$$

puis, compte tenu de l'inclusion 1.31, nous obtenons :

$$F_i \cap (\bigcap_{j\in J_0} F_j) = \bigcap_{j\in J_0} F_j,$$

relation qui s'exprime également par

$$\bigcap_{j\in J_0} F_j \subset F_i, \text{ pour tout } i \in I.$$

Par conséquent,

$$\bigcap_{j\in J_0} F_j \subset \bigcap_{i\in I} F_i.$$

D'autre part, l'inclusion $J_0 \subset I$ implique

$$\bigcap_{i\in I} F_i \subset \bigcap_{j\in J_0} F_j.$$

Finalement,

$$\bigcap_{i\in I} F_i = \bigcap_{j\in J_0} F_j,$$

ce qui n'est autre que le résultat cherché.

- Considérons, de manière analogue, les sous-espaces vectoriels de E qui sont des sommes finies de sous-espaces vectoriels de la famille $(F_i)_{i\in I}$, *i.e.* qui sont du type

$$\sum_{k\in K} F_k,$$

où K est une partie finie de I, et désignons par Q l'ensemble des entiers compris entre 0 et n qui sont dimension de chacune de ces sommes, *i.e.*

$$Q = \{q \in \mathbb{N};\ 0 \leq q \leq n;\ \text{il existe } K \subset I, K \text{ finie }, q = \sum_{k\in K} F_k\}.$$

L'ensemble Q est une partie non vide de $\mathbb{N}$, et à ce titre possède un plus petit élément q_0. Désignons alors par K_0 une partie finie de I telle que

$$dim(\sum_{k\in K_0} F_k) = q_0,$$

et montrons que K_0 répond à la question posée. Soit $i \in I$. De l'inclusion

$$\sum_{k \in K_0} F_k \subset F_i + \sum_{k \in K_0} F_k, \tag{1.32}$$

nous déduisons :

$$dim \sum_{k \in K_0} F_k \leq dim(F_i + \sum_{k \in K_0} F_k).$$

D'autre part, par définition de q_0,

$$dim(F_i + \sum_{k \in K_0} F_k) \leq dim(\sum_{k \in K_0} F_k).$$

Il en résulte que

$$dim(F_i + \sum_{k \in K_0} F_k) = dim(\sum_{k \in K_0} F_k),$$

puis, compte tenu de l'inclusion 1.32, nous obtenons :

$$F_i + \sum_{k \in K_0} F_k = \sum_{k \in K_0} F_k,$$

relation qui s'exprime également par

$$F_i \subset \sum_{k \in K_0} F_k, \text{ pour tout } i \in I.$$

Par conséquent,

$$\sum_{i \in I} F_i \subset \sum_{k \in K_0} F_k.$$

D'autre part, l'inclusion $K_0 \subset I$ implique

$$\sum_{k \in K_0} F_k \subset \sum_{i \in I} F_i.$$

Finalement,

$$\sum_{k \in K_0} F_k = \sum_{i \in I} F_i,$$

ce qui n'est autre que le résultat cherché.

2. Soit $\mathbb{R}[X]$ l'espace vectoriel sur $\mathbb{R}$ des polynômes à coefficients réels, qui est de dimension infinie, et pour tout $n \in \mathbb{N}$, considérons les sous-espaces vectoriels :

$$F_n = Vect(\{X^n, X^{n+1}, ...\}) \quad \text{et} \quad G_n = Vect(\{X^n\}).$$

Il est aisé de voir que

$$\bigcap_{n\in\mathbb{N}} F_n = \{0_{\mathbb{R}[X]}\} \quad \text{et} \quad \sum_{n\in\mathbb{N}} G_n = \mathbb{R}[X],$$

alors qu'aucune intersection finie de la famille $(F_n)_{n\in\mathbb{N}}$ n'est égale à $\{0_{\mathbb{R}[X]}\}$ et qu'aucune somme finie de la famille $(G_n)_{n\in\mathbb{N}}$ n'est égale à $\mathbb{R}[X]$.

Exercice 23 *On désigne par $\mathbb{R}[X]$ l'espace vectoriel sur $\mathbb{R}$ des polynômes à coefficients réels.*

1. *Soit $n \in \mathbb{N}^*$. Montrer qu'il existe un unique polynôme $T_n(X) \in \mathbb{R}[X]$, tel que pour tout $x \in \mathbb{R}$:*

$$\cos(nx) = T_n(\cos x).$$

2. *On désigne par $\mathcal{C}^0(\mathbb{R}, \mathbb{R})$ l'espace vectoriel sur $\mathbb{R}$ des applications continues de $\mathbb{R}$ vers $\mathbb{R}$. Pour $n \in \mathbb{N}^*$, on note $\mathcal{F}_n$ le sous-espace vectoriel de $\mathcal{C}^0(\mathbb{R}, \mathbb{R})$ engendré par la partie*

$$X_n = \{x \to 1, x \to \cos x, x \to \cos(2x), ..., x \to \cos(nx)\}$$

et $\mathcal{G}_n$ le sous-espace vectoriel de $\mathcal{C}^0(\mathbb{R}, \mathbb{R})$ engendré par la partie

$$Y_n = \{x \to 1, x \to \cos x, x \to \cos^2 x, ..., x \to \cos^n x\}.$$

Montrer que $\mathcal{F}_n = \mathcal{G}_n$.

Solution –

1. • Montrons d'abord que s'il existe un polynôme $T_n(X) \in \mathbb{R}[X]$, tel que pour tout $x \in \mathbb{R}$, on ait $\cos(nx) = T_n(\cos x)$, il est unique. Supposons pour ce faire qu'il existe deux polynômes $T_n(X)$ et $S_n(X)$ de $\mathbb{R}[X]$ ayant la propriété requise. Alors, pour tout $x \in \mathbb{R}$, on a

$$T_n(\cos x) = S_n(\cos x), \quad \text{soit} \quad (T_n - S_n)(\cos x) = 0.$$

En particulier, pour $0 \leq x \leq \frac{\pi}{2}$, $\cos x$ prend toutes les valeurs de l'intervalle $[0, 1]$. Le polynôme $(T_n - S_n)(X)$ possède donc une infinité de zéros. Par conséquent n'est autre que le polynôme nul. Ceci se traduit par $T_n(X) = S_n(X)$ et prouve l'unicité d'un polynôme $T_n(X)$, tel que pour tout $x \in \mathbb{R}$, on ait $\cos(nx) = T_n(\cos x)$.

- Montrons maintenant l'existence d'un tel polynôme. Soit $n \in \mathbb{N}^*$. Pour tout $x \in \mathbb{R}$, la formule de DE MOIVRE permet d'écrire :

$$(\cos x + i \sin x)^n = \cos nx + i \sin nx, \tag{1.33}$$

et la formule du binôme de NEWTON

$$(\cos x + i \sin x)^n = \sum_{k=0}^{n} \binom{n}{k} \cos^{n-k} x \; i^k \sin^k x. \tag{1.34}$$

Nous en déduisons, en égalant les parties réelles des seconds membres de 1.33 et 1.34 :

$$\cos nx = \sum_{p=0}^{E(\frac{n}{2})} \binom{n}{2p} \cos^{n-2p} x \; (-1)^p \sin^{2p} x, \tag{1.35}$$

soit encore

$$\cos nx = \sum_{p=0}^{E(\frac{n}{2})} \binom{n}{2p} (-1)^p \cos^{n-2p} x \; (1 - \cos^2 x)^p. \tag{1.36}$$

Sous cette forme, il est clair que $\cos nx$ est un polynôme en $\cos x$ ne comportant que des monômes de degré $\leq n$.

Ce polynôme, unique d'après ce qui précède, est appelé le polynôme de TCHEBYCHEV [7] de degré n.

Nous noterons $T_n(X)$ ce polynôme. On remarquera que son coefficient dominant de ce polynôme est

$$\sum_{p=0}^{E(\frac{n}{2})} \binom{n}{2p} = 2^{n-1}. \tag{1.37}$$

Le lecteur pourra aisément vérifier que

$$T_1(X) = X; \quad T_2(X) = 2X^2 - 1; \quad T_3(X) = 4X^3 - 3X, ...$$

2. Soit $n \in \mathbb{N}^*$. Nous avons montré dans la première question qu'il existe un (unique) polynôme $T_n(X) \in \mathbb{R}[X]$, tel que pour tout $x \in \mathbb{R}$, on ait

$$\cos(nx) = T_n(\cos x),$$

ce qui signifie que tout élément de X_n est combinaison linéaire d'éléments de Y_n. Autrement dit, $X_n \subset Vect(Y_n)$, d'où :

$$Vect(X_n) \subset Vect[Vect(Y_n)] = Vect(Y_n), \text{ soit } \mathcal{F}_n \subset \mathcal{G}_n.$$

Réciproquement, montrons d'abord que tout élément $x \to \cos^p x$ de Y_n appartient à $\mathcal{F}_n$. Pour cela, raisonnons par récurrence (forte) sur p.

7. Pafnuti Lvovitch TCHEBYCHEV (1821 - 1894) Mathématicien russe connu pour ses travaux dans les domaines des statistiques, probabilités et théorie des nombres.

- Pour $p = 0$ et pour $p = 1$, le résultat est trivialement acquis.
- Supposons (hypothèse de récurrence forte) la propriété vraie jusqu'au rang $p-1$ $(p-1 \geq 0)$. D'après la première question, (*cf.* 1.34 et 1.37), pour tout $x \in \mathbb{R}$, $\cos px$ s'écrit

$$\cos px = 2^{p-1} \cos^p x + U_p(\cos x),$$

où $U_p(X)$ est un polynôme de degré $\leq p-1$. Par suite, pour $x \in \mathbb{R}$,

$$\cos^p x = \frac{1}{2^{p-1}}[\cos px - U_p(\cos x)].$$

Or, $x \to U_p(\cos x)$ est combinaison linéaire d'éléments de Y_n du type $x \to \cos^k x$, avec $0 \leq k \leq p-1$, et d'après l'hypothèse de récurrence, chacun de ces éléments est élément de $\mathcal{F}_n$. De plus, $x \to \cos px$ appartient à $\mathcal{F}_n$. Il en résulte que $x \to \cos^p x$ est encore un élément de $\mathcal{F}_n$, ce qui achève notre récurrence.

Nous avons donc prouvé que $Y_n \subset \mathcal{F}_n$, d'où

$$Vect(Y_n) \subset Vect(\mathcal{F}_n) = \mathcal{F}_n, \text{ soit } \mathcal{G}_n \subset \mathcal{F}_n.$$

Finalement, $\mathcal{F}_n = \mathcal{G}_n$.

Exercice 24 L'exercice qui suit nécessite quelques connaissances relatives à l'arithmétique des polynômes. Nous invitons le lecteur à s'y référer.

Soient $(K, +, .)$ un corps commutatif et L un sous-corps de $(K, +, .)$. On considère K comme espace vectoriel sur L. Soit $a \in K$, $a \notin L$. On suppose qu'il existe un polynôme $P(X) \in K[X]$, de degré ≥ 1, dont tous les coefficients appartiennent à L, et tel que a soit un zero de $P(X)$ (c'est-à-dire tel que $P(a) = 0$).

1. *Montrer que le sous-espace vectoriel E de K engendré par la partie*

$$Z = \{a^p ; p \in \mathbb{N}\}$$

(i.e. *l'ensemble des combinaisons linéaires à coefficients dans L des puissances de a), est de dimension finie.*

2. *Montrer que E est un sous-corps de $(K, +, .)$.*

Solution –

1. Soit $P(X)$ un polynôme quelconque de $L[X]$, de degré ≥ 1, tel que dans K on ait $P(a) = 0$. Un théorème classique de l'arithmétique des polynômes nous apprend qu'il admet une décomposition en produit de polynômes irréductibles sur L (appelée décomposition primaire de $P(X)$ dans $L[X]$).[8] L'un de ces facteurs irréductibles admet nécessairement a comme zéro dans K, car si ce n'était pas le cas, *i.e.* si pour tout polynôme irréductible $Q(X)$ figurant dans la décomposition primaire de $P(X)$, on avait $Q(a) \neq 0$, on aurait nécessairement $P(a) \neq 0$, puisque par hypothèse $(K, +, .)$ est un corps, ce qui contredit notre hypothèse. Il résulte de cette étude qu'il existe toujours un polynôme irréductible sur L, que nous noterons $Q(X)$, tel que l'on ait $Q(a) = 0$ (dans K). Désignons par n le degré de $Q(X)$ et montrons que $\{1, a, a^2, ..., a^{n-1}\}$ est une base de E.
   - Montrons d'abord que $\{1, a, a^2, ..., a^{n-1}\}$ est une partie libre. Pour ce faire, raisonnons par l'absurde en supposant qu'il existe dans L des scalaires $\lambda_0, \lambda_1, \lambda_2, ..., \lambda_{n-1}$, non tous nuls, tels que

     $$\lambda_0 + \lambda_1 a + \lambda_2 a^2 + ... + \lambda_{n-1} a^{n-1} = 0,$$

     ce qui signifie qu'il existe un polynôme $A(X) \in L[X]$, non nul, de degré $\leq n - 1$, tel que dans K, on ait $A(a) = 0$. Nous pouvons alors affirmer que $Q(X)$ et $A(X)$ ne sont pas premiers entre eux, car si c'était le cas, le théorème de BEZOUT nous assurerait l'existence de polynômes $U(X)$ et $V(X)$ de $L[X]$ tels que

     $$Q(X)U(X) + A(X)V(X) = 1,$$

     ce qui impliquerait dans K la relation

     $$Q(a)U(a) + A(a)V(a) = 1 \quad \text{soit} \quad 0 = 1,$$

     ce qui est absurde et prouve bien que $Q(X)$ et $A(X)$ ne sont pas premiers entre eux. Par suite, ces deux polynômes ont au moins dans leur décomposition primaire dans $L[X]$ un facteur irréductible commun nécessairement de degré $\leq n - 1$, ce qui vient contredire le fait que $Q(X)$ est un polynôme irréductible et termine notre démonstration.
   - Montrons maintenant que $\{1, a, a^2, ..., a^{n-1}\}$ est une partie génératrice de E. Soit $p \in \mathbb{N}$. La division euclidienne de X^p par $Q(X)$ assure l'existence de polynômes $K(X)$ et $R(X)$ dans $L[X]$ tels que

     $$X^p = Q(X)K(X) + R(X),$$

8. Rappelons qu'un polynôme $A(X) \in L[X]$ est dit irréductible sur L si $A(X)$ est de degré ≥ 1 et si ses seuls diviseurs de $L[X]$ sont les polynômes constants non nuls de $L[X]$ et les polynômes qui sont produits de $P(X)$ par un polynôme constant non nul de $L[X]$.

où le degré de $R(X)$ est $\leq n-1$, ce qui implique dans K la relation

$$a^p = Q(a)K(a) + R(a), \quad \text{soit} \quad a^p = R(a).$$

Cette dernière écriture signifie que pour tout $p \in \mathbb{N}$, a^p est combinaison linéaire à coefficients dans L, d'éléments de $\{1, a, a^2, ..., a^{n-1}\}$. Par suite, tout élément de E étant par définition combinaison linéaire à coefficients dans L d'éléments du type a^p, où $p \in \mathbb{N}$, il est clair que tout élément de E est *a fortiori* combinaison linéaire à coefficients dans L d'éléments de $\{1, a, a^2, ..., a^{n-1}\}$. Nous avons donc établi l'inclusion

$$E \subset Vect(\{1, a, a^2, ..., a^{n-1}\}).$$

Comme d'autre part, l'inclusion

$$Vect(\{1, a, a^2, ..., a^{n-1}\}) \subset E$$

est évidente, nous pouvons conclure à

$$E = Vect(\{1, a, a^2, ..., a^{n-1}\}).$$

Ainsi, $\{1, a, a^2, ..., a^{n-1}\}$ est une partie génératrice de E.

Finalement, la partie $\{1, a, a^2, ..., a^{n-1}\}$ étant libre et génératrice, c'est une base de E. Par suite, l'espace vectoriel E est de dimension finie n.

2. • Par définition E est un sous-espace vectoriel de K, c'est donc un sous-groupe de $(K, +)$.
   • D'autre part, le produit de combinaisons linéaires de puissances de a est de toute évidence une combinaison linéaire de puissances de a, ce qui prouve que E est stable pour la multiplication. De plus, $a^0 = 1 \in E$.
   • Il reste donc à montrer que tout élément non nul de E possède un inverse dans E. Soit donc $h \in E$. Ecrire h dans la base $\{1, a, a^2, ..., a^{n-1}\}$ revient à dire qu'il existe un polynôme non nul $H(X) \in L[X]$, de degré $\leq n-1$, tel que $h = H(a)$. Le polynôme $Q(X)$ étant irréductible, $H(X)$ et $Q(X)$ sont premiers entre eux. En application du théorème de BEZOUT, il existe alors des polynômes $U(X)$ et $V(X)$ de $L[X]$ tels que

   $$Q(X)U(X) + H(X)V(X) = 1,$$

   ce qui implique dans K la relation

   $$Q(a)U(a) + H(a)V(a) = 1,$$

   soit

   $$H(a)V(a) = 1 \quad \text{ou encore} \quad hV(a) = 1.$$

   Il est clair que $V(a)$ est un élément non nul de E, qui par conséquent est l'inverse de h.

En définitive, E est un sous-corps de $(K, +, .)$.

Chapitre 2

Applications linéaires

2.1 Rappels de cours

2.1.1 Définitions et propriétés générales

Définition 14 *Soient E et F des espaces vectoriels sur un corps K et u une application de E vers F.*

1. *On dit que u est une application* linéaire *(ou encore un* morphisme d'espace vectoriel*), si pour tous vecteurs x et y de E et tout scalaire λ de K :*
$$u(x+y) = u(x) + u(y) \quad \text{et} \quad u(\lambda x) = \lambda u(x).$$
2. *Si u est une application linéaire bijective, on dit que u est un* isomorphisme *de l'espace vectoriel E sur l'espace vectoriel F.*
3. *Si u est une application linéaire de E vers E, on dit que u est un* endomorphisme *de E.*
4. *Si u est un endomorphisme de E bijectif, on dit que u est un* automorphisme *de E.*
5. *Enfin, si u est une application linéaire de E vers K (considéré comme espace vectoriel sur lui-même), on dit que u est une* forme linéaire *sur E.*

Définition 15 *Soient E et F des espaces vectoriels sur K. S'il existe un isomorphisme de E vers F, on dit que les espaces vectoriels E et F sont* isomorphes.

Exemples -

1. **Soit E un espace vectoriel sur K et soit $\lambda \in K$. L'application de E vers lui-même**
$$x \to \lambda x$$
est une application linéaire de E vers lui-même (*i.e.* un endomorphisme de E), appelée *homothétie* de rapport λ. Si de plus $\lambda \neq 0_E$, c'est un automorphisme de E.

2. **Soit E un espace vectoriel sur K et soient F et G des sous-espaces vectoriels de E tels que $E = F \oplus G$. Tout vecteur $x \in E$ s'écrit alors d'une unique façon sous la forme $x = y + z$, où $y \in F$ et $z \in G$. L'application de E vers lui-même**

$$x \to y \quad \text{(resp. } x \to z\text{)}$$

est linéaire et s'appelle *projection* sur F parallèlement à G (resp. sur G parallèlement à F).

3. **Soient $n \in \mathbb{N}^*$ et $i \in \{1, 2, ..., n\}$. L'application p_i de K^n vers K**

$$(\xi_1, \xi_2, ..., \xi_n) \to \xi_i$$

est une forme linéaire sur K^n, appelée *i-ème projection.*

Il est aisé de remarquer que si u est une application linéaire d'un espace vectoriel E vers un espace vectoriel F, alors :

- $u(0_E) = 0_F$;
- pour tout $x \in E$, on a :

$$u(-x) = -u(x);$$

- pour toute famille finie $(x_1, x_2, ..., x_n)$ de vecteurs de E et toute famille finie $(\lambda_1, \lambda_2, ..., \lambda_n)$ de scalaires de K, on a :

$$u(\sum_{i=1}^{n} \lambda_i x_i) = \sum_{i=1}^{n} \lambda_i u(x_i).$$

En particulier, si E est un espace vectoriel de dimension finie n, si $\{a_1, a_2, ..., a_n\}$ est une base de E et si x est un vecteur de E qui s'écrit $x = \xi_1 a_1 + \xi_2 a_2 + ... + \xi_n a_n$, on a :

$$u(x) = \xi_1 u(a_1) + \xi_2 u(a_2) + ... \xi_n u(a_n).$$

Cette écriture montre qu'une telle application linéaire est entièrement déterminée par la donnée de l'ensemble $\{u(a_1), u(a_2), ..., u(a_n)\}$ des images des vecteurs de la base $\{a_1, a_2, ..., a_n\}$.

Supposons de plus que F soit également un espace vectoriel de dimension finie p et considérons une base $\{b_1, b_2, ..., b_p\}$ de F. Alors, pour tout $i \in \{1, 2, ..., n\}$, $u(a_i)$ s'écrit de manière unique :

$$u(a_i) = \sum_{j=1}^{p} \alpha_{ji} b_j.$$

Par suite, si x est un vecteur de E qui s'écrit $x = \sum_{i=1}^{n} \xi_i a_i$, on a

$$u(x) = \sum_{i=1}^{n} \xi_i (\sum_{j=1}^{p} \alpha_{ji} b_j) = \sum_{j=1}^{p} (\sum_{i=1}^{n} \alpha_{ji} \xi_i) b_j.$$

En définitive, les bases $\{a_1, a_2, ..., a_n\}$ de E et $\{b_1, b_2, ..., b_p\}$ de F étant choisies, l'application u est alors entièrement déterminée par la donnée des np scalaires $(\alpha_{ji})_{\substack{1\leq j\leq p\\ 1\leq i\leq n}}$.

Proposition 23 *Soient E et F des espaces vectoriels sur K, u une application linéaire de E vers F et X une partie de E. Alors*

$$u[Vect(X)] = Vect[u(X)].$$

De plus, si u est injective et si X est libre, $u(X)$ est libre.

Proposition 24 *Soient E et F des espaces vectoriels sur K, u une application linéaire de E vers F et X une partie de E. Alors,*

1. *Si X est une partie liée de E, $u(X)$ est une partie liée de F.*
2. *Si $u(X)$ est une partie libre de F, X est une partie libre de E.*

Proposition 25 *Soient E et F des espaces vectoriels sur K, u une application linéaire de E vers F. Les assertions suivantes sont équivalentes :*

1. *u est bijective.*
2. *Si X est une base de E, alors $u(X)$ est une base de F.*

Proposition 26 *Soient E, F et G des espaces vectoriels sur K, u une application linéaire de E vers F et v une application linéaire de F vers G. Alors, l'application composée $v \circ u$ est une application linéaire de E vers G.*

2.1.2 Image et noyau d'une application linéaire

Proposition 27 *Soient E et F des espaces vectoriels sur K et u une application linéaire de E vers F. Alors,*

1. *l'image par l'application u de E est un sous-espace vectoriel de F appelé* image *de u ;*
2. *l'image réciproque $u^{-1}(\{0_F\})$, du vecteur nul de F par l'application u est un sous-espace vectoriel de E.*

Dans la définition suivante, nous gardons les notations de la Proposition 27.

Définition 16 et Notation -

- *On note $Im(u)$ l'image de l'application linéaire u.*
- *On appelle* noyau *de u et on note $Ker(u)$ l'image réciproque $u^{-1}(\{0_F\})$ du vecteur nul de F par l'application linéaire u.*

Proposition 28 *Soient E et F des espaces vectoriels sur K et u une application linéaire de E vers F. Alors, pour que u soit injective, il faut et il suffit que $Ker(u) = \{0_E\}$.*

Proposition 29 *Soient E et F des espaces vectoriels sur K et u une application linéaire bijective de E sur F (i.e. u est un isomorphisme de E sur F). Alors, sa bijection réciproque u^{-1} est linéaire (*i.e. *u^{-1} est un isomorphisme de F sur E).*

Proposition 30 *Soient E et F des espaces vectoriels sur K, que l'on suppose de dimension finie. Pour que E et F soient isomorphes, il faut et il suffit que*

$$dim(E) = dim(F).$$

Définition 17 *Soient E et F des espaces vectoriels sur K et u une application linéaire de E vers F. On dit que u est de* rang fini *si le sous-espace vectoriel $Im(u)$ est de dimension finie. Cette dimension s'appelle alors le* rang *de u et se note $rg(u)$.*

Proposition 31 *Soient E et F des espaces vectoriels sur K et u une application linéaire de E vers F. Alors,*

1. *si F est de dimension finie, u est de rang fini et $rg(u) \leq dim(F)$;*
2. *si E est de dimension finie, u est de rang fini et $rg(u) \leq dim(E)$.*

On en déduit immédiatement le résultat suivant :

Corollaire 2 *Soient E et F des espaces vectoriels sur K de dimension finie et u une application linéaire de E vers F. Alors, u est de rang fini et*

$$rg(u) \leq \min(dim(E), dim(F)).$$

En outre, l'important résultat suivant est très utilisé dans la pratique :

Théorème 4 du rang - *Soient E et F des espaces vectoriels sur K et u une application linéaire de E vers F. Si E est de dimension finie, alors :*

$$dim[Ker(u)] + rg(u) = dim(E).$$

On en déduit encore immédiatement le résultat suivant :

Corollaire 3 *Soient E et F des espaces vectoriels sur K de dimension finie et soit u une application linéaire de E vers F. Alors,*

1. *pour que u soit injective, il faut et il suffit que $rg(u)) = dim(E)$;*
2. *pour que u soit surjective, il faut et il suffit que $rg(u)) = dim(F)$.*

Corollaire 4 *Soient E et F des espaces vectoriels sur K, que l'on suppose de même dimension finie n, et u une application linéaire de E vers F. Les assertions suivantes sont équivalentes :*

1. *u est bijective ;*
2. *u est injective ;*
3. *u est surjective ;*
4. *$rg(u) = n$.*

2.1.3 Opérations relatives aux applications linéaires

Proposition 32 *Soient E et F des espaces vectoriels sur K, u et v des applications linéaires de E vers F, et $\lambda \in K$. Alors, les applications $u+v$ et λu sont linéaires.*

Soient E et F des espaces vectoriels sur K. Désignons $\mathcal{L}(E,F)$ l'ensemble des applications linéaires de E vers F. La Proposition 32 montre que l'application

$$(u,v) \to u+v \tag{2.1}$$

est une loi de composition interne sur $\mathcal{L}(E,F)$, et que l'application

$$(\lambda,u) \to \lambda u \tag{2.2}$$

est une loi de composition externe sur $\mathcal{L}(E,F)$. On vérifie alors aisément que, muni de ces lois de composition, $\mathcal{L}(E,F)$ est un espace vectoriel sur K.

Proposition 33 *Soient E, F et G des espaces vectoriels sur K. Alors :*

1. *pour toutes $u,v \in \mathcal{L}(E,F)$ et toute $f \in \mathcal{L}(F,G)$,*

$$f \circ (u+v) = f \circ u + f \circ v,$$

2. *pour tout $\lambda \in K$, toute $u \in \mathcal{L}(E,F)$ et toute $f \in \mathcal{L}(F,G)$*

$$f \circ (\lambda u) = \lambda(f \circ u) = (\lambda f) \circ u.$$

En outre, lorsque les espaces vectoriels sont de dimension finie, on a le résultat suivant :

Proposition 34 *Soient E et F des espaces vectoriels sur K, que l'on suppose de dimension finie. Alors, $\mathcal{L}(E,F)$ est de dimension finie et*

$$dim[\mathcal{L}(E,F)] = dim(E).dim(F).$$

Dans le cas où $E=F$, l'espace vectoriel $\mathcal{L}(E,E)$ est plus simplement noté $\mathcal{L}(E)$ et la Proposition 26 montre que l'application

$$(u,v) \to u \circ v \tag{2.3}$$

est une loi de composition interne sur l'ensemble $\mathcal{L}(E)$ des endomorphismes de E. On vérifie aisément que $\mathcal{L}(E)$, muni des lois de composition interne 2.1 et 2.3, et de la loi de composition externe 2.2 est une algèbre associative et unifère, admettant l'application identique Id_E comme élément unité, mais non commutative en général (*cf.* Définition 2). De plus, l'ensemble des automorphismes de E, muni de la composition des applications est un groupe appelé *groupe linéaire* de E, et noté $\mathcal{GL}(E)$.

2.2 Exercices

Applications linéaires. Généralités

Exercice 25 *Soit E un espace vectoriel sur K et soit f un endomorphisme de E. Etablir l'équivalence des assertions suivantes :*

1. $Ker(f) \cap Im(f) = \{0_E\}$.
2. $Ker(f \circ f) = Ker(f)$.

Solution –

1. Montrons que 1 implique 2.
   - Supposons que f soit tel que $Ker(f) \cap Im(f) = \{0_E\}$. Il est clair que l'inclusion $Ker(f) \subset Ker(f \circ f)$ est vérifiée, car si $x \in Ker(f)$, on en déduit $f(x) = 0_E$, d'où $f[f(x)] = f(0_E)$, soit $(f \circ f)(x) = 0_E$, ce qui prouve que
   $$Ker(f) \subset Ker(f \circ f).$$
   - Inversement, soit $x \in Ker(f \circ f)$. On a donc $f[f(x)] = 0_E$, ce qui montre que $f(x) \in Ker(f)$. Or, $f(x) \in Im(f)$. Par suite, en vertu de l'hypothèse (i), on a $f(x) = 0_E$, et donc $x \in Ker(f)$. Ceci prouve que $Ker(f \circ f) \subset Ker(f)$, et finalement,
   $$Ker(f \circ f) = Ker(f).$$
2. Montrons que 2 implique 1.
   - Supposons que f soit tel que $Ker(f \circ f) = Ker(f)$. Il est clair que l'inclusion $\{0_E\} \subset Ker(f) \cap Im(f)$ est vérifiée.
   - Inversement, soit $x \in Ker(f) \cap Im(f)$. Comme $x \in Ker(f)$, on a $f(x) = 0_E$, et comme $x \in Im(f)$, il existe $t \in E$ tel que l'on ait $x = f(t)$, d'où $f(x) = f[f(t)]$, soit $0_E = (f \circ f)(t)$. Ceci signifie que $t \in Ker(f \circ f)$, soit, compte tenu de l'hypothèse 2, $t \in Ker(f)$. Par suite, $f(t) = 0_E$, soit $x = 0_E$. Ainsi, $Ker(f) \cap Im(f) \subset \{0_E\}$.

   Finalement,
   $$Ker(f) \cap Im(f) = \{0_E\}.$$

Ainsi, les assertions 1 et 2 sont équivalentes.

Exercice 26 *Soit E un espace vectoriel sur K et soient f et g des endomorphismes de E. Montrer que*

$$f[Ker(g \circ f)] = Im(f) \cap Ker(g).$$

Solution –

- Montrons que $f[Ker(g\circ f)] \subset Im(f)\cap Ker(g)$. Soit $y \in f[Ker(g\circ f)]$. Il existe alors $x \in Ker(g\circ f)$ tel que $y = f(x)$, ce qui montre déjà que y appartient à $Im(f)$. D'autre part, $g(y) = g[f(x)] = (g\circ f)(x) = 0_E$ puisque x appartient à $Ker(g\circ f)$. Donc $y \in Ker(g)$ et par conséquent, $y \in Im(f)\cap Ker(g)$. On en déduit

$$f[Ker(g\circ f)] \subset Im(f)\cap Ker(g).$$

- Montrons que $Im(f)\cap Ker(g) \subset f[Ker(g\circ f)]$. Soit y un élément de $Im(f)\cap Ker(g)$. Puisque $y \in Im(f)$, il existe $x \in E$ tel que l'on ait $y = f(x)$. D'autre part, puisque $y \in Ker(g)$, on a $g(y) = 0_E$, soit encore $g[f(x)] = (g\circ f)(x) = 0_E$. Ceci prouve que x est un élément de $Ker(g\circ f))$ et par suite $f(x) = y \in f[Ker(g\circ f)]$. On en déduit

$$Im(f)\cap Ker(g) \subset f[Ker(g\circ f)].$$

Finalement,

$$f[Ker(g\circ f)] = Im(f)\cap Ker(g).$$

Exercice 27 *Soit E un espace vectoriel sur K et soient f, g et h des endomorphismes de E tels que*

$$f\circ g = h, \quad g\circ h = f, \quad h\circ f = g.$$

Montrer que

$$Ker(f) = Ker(g) = Ker(h) \quad \text{et} \quad Im(f) = Im(g) = Im(h).$$

Solution –

- Si $x \in Ker(g)$, *i.e.* $g(x) = 0_E$, alors $f[g(x)] = f(0_E)$, soit encore $(f\circ g)(x) = 0_E$, et donc $x \in Ker(f\circ g)$. Par suite, $Ker(g) \subset Ker(f\circ g)$. Comme par hypothèse, $f\circ g = h$, nous obtenons

$$Ker(g) \subset Ker(h). \tag{2.4}$$

De la même manière, on a $Ker(h) \subset Ker(g\circ h)$ et compte tenu de l'hypothèse $g\circ h = f$, on obtient

$$Ker(h) \subset Ker(f). \tag{2.5}$$

Enfin, l'inclusion $Ker(f) \subset Ker(h\circ f)$ et l'hypothèse $h\circ f = g$ impliquent

$$Ker(f) \subset Ker(g). \tag{2.6}$$

Les inclusions 2.4, 2.5 et 2.6 permettent alors facilement de conclure à

$$Ker(f) = Ker(g) = Ker(h).$$

- Si $y \in Im(f \circ g)$, il existe $x \in E$ tel que $y = (f \circ g)(x) = f[g(x)]$, et donc $y \in Im(f)$. Ceci montre que $Im(f \circ g) \subset Im(f)$. Comme par hypothèse, $f \circ g = h$, nous obtenons

$$Im(h) \subset Im(f). \tag{2.7}$$

De même, l'inclusion $Im(g \circ h) \subset Im(g)$ et l'hypothèse $g \circ h = f$ impliquent

$$Im(f) \subset Im(g). \tag{2.8}$$

De plus, l'inclusion $Im(h \circ f) \subset Im(h)$ et l'hypothèse $h \circ f = g$ impliquent

$$Im(g) \subset Im(h). \tag{2.9}$$

Les inclusions 2.7, 2.8 et 2.9 prouvent encore que

$$Im(f) = Im(g) = Im(h).$$

Exercice 28 *Soient E et F des espaces vectoriels sur K. Soient f une application linéaire de E vers F et g une application linéaire de F vers E, telles que*

$$f \circ g \circ f = f \quad \text{et} \quad g \circ f \circ g = g.$$

Montrer que

$$E = Im(g) \oplus Ker(f) \quad \text{et} \quad F = Im(f) \oplus Ker(g).$$

Solution –

- Montrons d'abord que $Im(g) \cap Ker(f) = \{0_E\}$. Il est clair que l'inclusion $\{0_E\} \subset Im(g) \cap Ker(f)$ est vérifiée. D'autre part, si x est un élément de $Im(g) \cap Ker(f)$, il existe $t \in E$ tel que $x = g(t)$, et $f(x) = 0_F$, soit $f[g(t)] = 0_F$. Par suite,

$$g\big[f[g(t)]\big] = g(0_F) = 0_E, \text{ soit } (g \circ f \circ g)(t) = 0_E.$$

Compte tenu de l'hypothèse, $g \circ f \circ g = g$, on a donc $g(t) = 0_E$, soit $x = 0_E$. Par suite, $Im(g) \cap Ker(f) \subset \{0_E\}$ et finalement,

$$Im(g) \cap Ker(f) = \{0_E\}.$$

- Montrons ensuite que $E = Im(g) + Ker(f)$. Il est bien évident que $Im(g) + Ker(f) \subset E$. D'autre part, si $x \in E$, l'hypothèse $f \circ g \circ f = f$ permet d'écrire

$$f\big[g[f(x)]\big] = f(x), \text{ soit } f(x) - f\big[g[f(x)]\big] = 0_F,$$

et puisque f est linéaire $f\big[x - g[f(x)]\big] = 0_F$. Par suite, $x - g[f(x)]$ est un élément de $Ker(f)$. Il suffit maintenant d'écrire

$$x = g[f(x)] + \big[x - g[f(x)]\big],$$

pour voir que x est somme d'un élément de $Im(g)$ et d'un élément de $Ker(f)$, ce qui prouve que $E \subset Im(g) + Ker(f)$. Finalement,

$$E = Im(g) + Ker(f),$$

et nous pouvons conclure à

$$E = Im(g) \oplus Ker(f).$$

On démontrerait de même, *mutatis mutandi*, que

$$F = Im(f) \oplus Ker(g).$$

Exercice 29 *Soit E un espace vectoriel sur K et soit f un endomorphisme de E. On pose $f^0 = Id_E$ et pour tout entier $k \in \mathbb{N}^*$,*

$$f^k = \underbrace{f \circ f \circ ... \circ f}_{k \text{ fois}}.$$

De plus, pour tout polynôme $P(X) = a_n X^n + ... + a_1 X + a_0$ de $K[X]$, on pose

$$P(f) = a_n f^n + ... + a_1 f + a_0 Id_E.$$

On suppose qu'il existe un polynôme $P(X) \in K[X]$ tel que

$$P(0) = 0 \quad \text{et} \quad P'(0) \neq 0,$$

où $P'(X)$ désigne le polynôme dérivé de $P(X)$. Montrer que si $P(f) = 0_{\mathcal{L}(E)}$, alors :

$$E = Ker(f) \oplus Im(f).$$

Solution –

- Montrons d'abord que

$$Ker(f) \cap Im(f) = \{0_E\}.$$

L'inclusion $\{0_E\} \subset Ker(f) \cap Im(f)$ est évidente. D'autre part, si y est un élément de $Ker(f) \cap Im(f)$, $f(y) = 0_E$ et il existe $x \in E$ tel que $y = f(x)$. Par suite, $f(y) = f[f(x)]$, soit $0_E = (f \circ f)(x)$. Une récurrence immédiate montre alors que pour tout entier k, $k \geq 2$, on a

$$f^k(x) = 0.$$

L'hypothèse $P(0) = 0$ signifie que le terme constant du polynôme $P(X)$ est nul, et $P'(0) \neq 0$ implique que le coefficient de X est non nul. Autrement dit, le polynôme $P(X)$ s'écrit

$$P(X) = a_n X^n + ... + a_2 X^2 + a_1 X, \text{ où } a_1 \neq 0.$$

L'hypothèse $P(f) = 0_{\mathcal{L}(E)}$ signifie donc que pour tout $x \in E$,

$$(a_n f^n + ... + a_2 f^2 + a_1 f)(x) = a_n f^n(x) + ... + a_2 f^2(x) + a_1 f(x) = 0_E,$$

soit, puisque $f^2(x) = ... = f^n(x) = 0$,

$$a_1 f(x) = 0_E.$$

Or, $a_1 \neq 0$, donc $f(x) = 0$, soit $y = 0_E$. Ainsi, $Ker(f) \cap Im(f) \subset \{0_E\}$, et finalement

$$Ker(f) \cap Im(f) = \{0_E\}.$$

- Montrons ensuite que

$$E = Ker(f) + Im(f).$$

L'inclusion $Ker(f) + Im(f) \subset E$ est évidente. D'autre part, si $x \in E$, écrivons astucieusement, puisque $a_1 \neq 0$,

$$x = \frac{1}{a_1}[a_n f^{n-1}(x) + ... + a_2 f(x) + a_1 x] - \frac{1}{a_1}[a_n f^{n-1}(x) + ... + a_2 f(x)],$$

et posons

$$u = \frac{1}{a_1}[a_n f^{n-1}(x) + ... + a_2 f(x) + a_1 x];\ v = -\frac{1}{a_1}[a_n f^{n-1}(x) + ... + a_2 f(x)].$$

On a donc, puisque $P(f) = 0_{\mathcal{L}(E)}$,

$$\begin{aligned} f(u) &= f\left[\frac{1}{a_1}[a_n f^{n-1}(x) + ... + a_2 f(x) + a_1 x]\right] \\ &= \frac{1}{a_1}[a_n f^n(x) + ... + a_2 f^2(x) + a_1 f(x)] = \frac{1}{a_1}[P(f)(x)] = 0_E, \end{aligned}$$

ce qui montre que $u \in Ker(f)$. D'autre part, en écrivant

$$v = -\frac{1}{a_1}[a_n f^{n-1}(x) + ... + a_2 f(x)] = f\left[-\frac{1}{a_1}[a_n f^{n-2}(x) + ... + a_2 x]\right],$$

on voit que $v \in Im(f)$. Par suite, $x = u + v$ est somme d'un élément de $Ker(f)$ et d'un élément de $Im(f)$. Par suite,

$$E \subset Ker(f) + Im(f).$$

Ainsi,

$$E = Ker(f) + Im(f).$$

Nous pouvons donc conclure à

$$E = Ker(f) \oplus Im(f).$$

Exercice 30 *Soit E un espace vectoriel sur K. On dit qu'un endomorphisme u de E est une* involution *de E, si $u \circ u = Id_E$.*

1. *Soit u une involution de E. Montrer que u est un automorphisme de E et que $u^{-1} = u$.*
2. *On suppose ici que $K = \mathbb{R}$. Soit u une involution de E. On pose*

$$F^+(u) = \{x \in E; u(x) = x\} \quad \text{et} \quad F^-(u) = \{x \in E; u(x) = -x\}.$$

   (a) *Montrer que $F^+(u)$ et $F^-(u)$ sont des sous-espaces vectoriels de E et que*

$$E = F^+(u) \oplus F^-(u).$$

   (b) *Soient F et G deux sous-espaces vectoriels de E qui sont supplémentaires. Si $x \in E$, on sait qu'il existe alors un unique couple (y, z) de $E \times E$, tel que $x = y + z$. Montrer que l'application u, de E vers E, définie en posant*

$$u(x) = y - z,$$

   est une involution de E telle que $F^+(u) = F$ et $F^-(u) = G$.

Solution –

1. **Rappelons que pour qu'une application f, d'un ensemble X vers un ensemble Y soit bijective, il faut et il suffit qu'il existe une application g de Y vers X telle que**

$$g \circ f = Id_X \quad \text{et} \quad f \circ g = Id_Y.$$

   L'application g est également bijective. Elle est appelée bijection réciproque de f et est notée f^{-1}.

   Par suite, si u est une involution, la relation

$$u \circ u = Id_E$$

   montre clairement que l'application u est bijective et que sa bijection réciproque u^{-1} n'est autre que u. Comme de plus u est par hypothèse un endomorphisme, c'est donc un automorphisme.

2. (a) Pour montrer que $F^+(u)$ est un sous-espace vectoriel de E, il suffit de remarquer que $F^+(u)$ n'est autre que l'ensemble des $x \in E$ tels que $u(x) - x = 0_E$ soit $(u - Id_E)(x) = 0_E$. Autrement dit $F^+(u)$ est le noyau de l'application linéaire $u - Id_E$. C'est donc un sous-espace vectoriel de E (*c.f.* Proposition 27). De même, $F^-(u)$ est le noyau de l'application linéaire $u + Id_E$ et à ce titre, c'est un sous-espace vectoriel de E. Il nous reste à établir que

$$E = F^+(u) \oplus F^-(u).$$

- Montrons d'abord que $F^+(u) \cap F^-(u) = \{0_E\}$. L'inclusion $\{0_E\} \subset F^+(u) \cap F^-(u)$ est évidente. Soit $x \in F^+(u) \cap F^-(u)$. Nous avons à la fois $u(x) = x$ et $u(x) = -x$. Par conséquent, $x = -x$, ou encore $2x = 0_E$, d'où l'on déduit $x = 0_E$. On a donc $F^+(u) \cap F^-(u) \subset \{0_E\}$ et finalement

$$F^+(u) \cap F^-(u) = \{0_E\}.$$

- Montrons ensuite que $E = F^+(u) + F^-(u)$. Ici encore, l'inclusion $F^+(u) + F^-(u) \subset E$ est évidente. Soit $x \in E$. Ecrivons astucieusement

$$x = \frac{1}{2}[u(x) + x] + \frac{1}{2}[x - u(x)], \tag{2.10}$$

et calculons en utilisant la linéarité de u,

$$u\Big[\frac{1}{2}[u(x) + x]\Big] = \frac{1}{2}\Big[u[u(x)] + \frac{1}{2}u(x)\Big] = \frac{1}{2}(u \circ u)(x) + \frac{1}{2}u(x),$$

puis compte tenu de $u \circ u = Id_E$,

$$u\Big[\frac{1}{2}[u(x) + x]\Big] = \frac{1}{2}x + \frac{1}{2}u(x) = \frac{1}{2}[u(x) + x].$$

Ainsi,

$$\frac{1}{2}[u(x) + x] \in F^+(u).$$

On démontrerait de manière analogue, *mutatis mutandi*, que

$$\frac{1}{2}[x - u(x)] \in F^-(u).$$

La relation 2.10 montre alors que x est somme d'un élément de $F^+(u)$ et d'un élément de $F^-(u)$, ce qui signifie que x est un élément de $F^+(u) + F^-(u)$. On a donc

$$E \subset F^+(u) + F^-(u),$$

et finalement

$$E = F^+(u) + F^-(u).$$

Nous pouvons donc conclure à

$$E = F^+(u) \oplus F^-(u).$$

(b) • Montrons d'abord que u est linéaire. Soient x et x' des éléments de E qui s'écrivent de manière unique $x = y + z$ et $x' = y' + z'$, avec $y, y' \in F$ et $z, z' \in G$. Alors, $x + x'$ s'écrit de manière unique

$$x + x' = (y + y') + (z + z'),$$

avec $y + y' \in F$ et $z + z' \in G$. Par suite,

$$u(x + x') = y + y' - (z + z') = (y - z) + (y' - z') = u(x) + u(x').$$

De plus, si $\lambda \in \mathbb{R}$, λx s'écrit de manière unique

$$\lambda x = \lambda y + \lambda z,$$

avec $\lambda y \in F$ et $\lambda z \in G$. Par suite,

$$u(\lambda x) = \lambda y - \lambda z = \lambda(y - z) = \lambda u(x),$$

ce qui prouve la linéarité de u.

• Montrons ensuite que u est une involution. Soit $x \in E$. Avec les mêmes notations que ci-dessus, calculons en utilisant la définition de u

$$(u \circ u)(x) = u[u(x)] = u(y - z) = y - (-z) = y + z = x.$$

On a donc bien

$$u \circ u = Id_E.$$

• Montrons enfin que $F^+(u) = F$. Soit x un élément de $F^+(u)$ qui s'écrit de manière unique $x = y + z$ avec $y \in F$ et $z \in G$. On a alors $u(x) = x$, soit $y - z = y + z$, d'où l'on déduit $2z = 0_E$ et donc $z = 0_E$. Par suite, $x = y$ ce qui signifie que $x \in F$ et prouve l'inclusion $F^+(u) \subset F$. D'autre part, si $y \in F$, la définition de u nous donne $u(y) = y$, ce qui montre que $y \in F^+(u)$ et prouve que $F \subset F^+(u)$. Finalement,

$$F^+(u) = F.$$

On démontrerait de la même manière, *mutatis mutandi*, que

$$F^-(u) = G.$$

Exercice 31 *Soit E un espace vectoriel sur K. On dit qu'un endomorphisme p de E est un* projecteur, *si $p \circ p = p$.*

1. *Soit p un projecteur de E.*
   (a) *Montrer que si $x \in Im(p)$, alors $p(x) = x$.*
   (b) *Montrer que*
   $$E = Ker(p) \oplus Im(p).$$
2. *On suppose ici que $K = \mathbb{R}$. Soient p et q des projecteurs.*
   (a) *Montrer que la relation*
   $$p \circ q + q \circ p = 0_{\mathcal{L}(E)}$$
   est équivalente aux relations
   $$p \circ q = q \circ p = 0_{\mathcal{L}(E)}.$$
   (b) *Montrer que $p+q$ est un projecteur si et seulement si les relations $p \circ q = q \circ p = 0_{\mathcal{L}(E)}$ sont vérifiées.*
   (c) *Montrer que si $p + q$ est un projecteur, alors*
   $$Im(p+q) = Im(p) + Im(q) \quad \text{et} \quad Ker(p+q) = Ker(p) \cap Ker(q).$$
   (d) *Montrer que si $p \circ q = q \circ p$, $p \circ q$ est un projecteur.*
   (e) *Montrer que si $p \circ q = q \circ p$, alors*
   $$Im(p \circ q) = Im(p) \cap Im(q) \quad \text{et} \quad Ker(p \circ q) = Ker(p) + Ker(q).$$

Solution –

1. Soit p un projecteur de E.
   (a) Soit $x \in Im(p)$. Il existe alors $t \in E$, tel que $x = p(t)$. Par suite, puisque par hypothèse $p \circ p = p$,
   $$p(x) = p[p(t)] = (p \circ p)(t) = p(t) = x.$$
   (b) • Montrons d'abord que $Ker(p) \cap Im(p) = \{0_E\}$. Il est clair que l'inclusion $\{0_E\} \subset Ker(p) \cap Im(p)$ est vérifiée. Soit x un élément de $Ker(p) \cap Im(p)$. On a donc $p(x) = 0_E$, et d'après (a), $p(x) = x$. Donc, $x = 0_E$ et $Ker(p) \cap Im(p) \subset \{0_E\}$. Finalement, on a bien
   $$Ker(p) \cap Im(p) = \{0_E\}.$$

- Montrons ensuite que $E = Ker(p) + Im(p)$. Il est évident que l'inclusion $Ker(p) + Im(p) \subset E$ est vérifiée. Soit $x \in E$. Ecrivons

$$x = [x - p(x)] + p(x). \tag{2.11}$$

Puisque p est un projecteur, on a

$$p[x-p(x)] = p(x)-p[p(x)] = p(x)-(p\circ p)(x) = p(x)-p(x) = 0_E,$$

ce qui prouve que $x - p(x) \in Ker(p)$.
D'autre part, il est clair que $p(x) \in Im(p)$. Par suite, la relation 2.11 montre que x est somme d'un élément de $Ker(p)$ et d'un élément de $Im(p)$, ce qui signifie que $x \in Ker(p)+Im(p)$. Donc, $E \subset Ker(p) + Im(p)$ et finalement,

$$E = Ker(p) + Im(p).$$

Nous pouvons donc conclure à

$$E = Ker(p) \oplus Im(p).$$

2. Soient p et q des projecteurs.

   (a) Si $p \circ q = q \circ p = 0_{\mathcal{L}(E)}$, il est clair que $p \circ q + q \circ p = 0_{\mathcal{L}(E)}$.
   Réciproquement, supposons que

$$p \circ q + q \circ p = 0_{\mathcal{L}(E)}. \tag{2.12}$$

Nous en déduisons, en composant à gauche par p :

$$p \circ (p \circ q + q \circ p) = p \circ 0_{\mathcal{L}(E)}, \text{ soit } p \circ p \circ q + p \circ q \circ p = 0_{\mathcal{L}(E)},$$

puis, p étant un projecteur,

$$p \circ q + p \circ q \circ p = 0_{\mathcal{L}(E)}. \tag{2.13}$$

Composons de nouveau par p, mais cette fois à droite. Il vient :

$$(p\circ q+p\circ q\circ p)\circ p = 0_{\mathcal{L}(E)}\circ p,, \text{ soit } p\circ q\circ p+p\circ q\circ p\circ p = 0_{\mathcal{L}(E)},$$

puis, p étant toujours un projecteur,

$$p \circ q \circ p + p \circ q \circ p = 0_{\mathcal{L}(E)}, \text{ soit encore } 2\, p \circ q \circ p = 0_{\mathcal{L}(E)},$$

d'où $p\circ q\circ p = 0_{\mathcal{L}(E)}$. En portant ce résultat dans 2.13, on obtient $p \circ q = 0_{\mathcal{L}(E)}$, puis, en portant ce dernier résultat dans 2.12, on obtient $q \circ p = 0_{\mathcal{L}(E)}$.

(b) L'application $p+q$ étant un endomorphisme, pour que $p+q$ soit un projecteur, il faut et il suffit que $(p+q)\circ(p+q)=p+q$, soit :

$$p\circ p+p\circ q+q\circ p+q\circ q=p+q.$$

Puisque par hypothèse p et q sont des projecteurs,

$$p+p\circ q+q\circ p+q=p+q,$$

soit, après simplification, $p\circ q+q\circ p=0_{\mathcal{L}(E)}$.
Nous pouvons donc conclure, en utilisant la question précédente que $p+q$ est un projecteur si et seulement si $p\circ q=q\circ p=0_{\mathcal{L}(E)}$.

(c) Supposons maintenant que $p+q$ soit un projecteur.

- Montrons que $Im(p+q)=Im(p)+Im(q)$.
  - Soit $x\in Im(p+q)$. Il existe alors $t\in Im(p+q)$ tel que l'on ait $x=(p+q)(t)=p(t)+q(t)$, ce qui montre clairement que $x\in Im(p)+Im(q)$. Par suite,

$$Im(p+q)\subset Im(p)+Im(q).$$

  - D'autre part, si $x\in Im(p)+Im(q)$, il existe $y\in Im(p)$ et $z\in Im(q)$ tels que $x=y+z$ et par conséquent, il existe $t\in E$ tel que $y=p(t)$ ainsi que $u\in E$ tel que $z=q(u)$. Par suite,

$$x=p(t)+q(u). \tag{2.14}$$

On en déduit

$$\begin{aligned}p(x)&=p[p(t)+q(u)]=p[p(t)]+p[q(u)]\\&=(p\circ p)(t)+(p\circ q)(u)=p(t)+(p\circ q)(u).\end{aligned}$$

Or, par hypothèse, $p+q$ est un projecteur. Donc d'après ce qui précède, $p\circ q=0_{\mathcal{L}(E)}$. Finalement, $p(x)=p(t)$. De même, on a $q\circ p=0_{\mathcal{L}(E)}$, et donc

$$\begin{aligned}q(x)&=q[p(t)+q(u)]=q[p(t)]+q[q(u)]\\&=(q\circ p)(t)+(q\circ q)(u)=(q\circ p)(t)+q(u).\end{aligned}$$

Comme on a aussi $q\circ p=0_{\mathcal{L}(E)}$, on en déduit $q(x)=q(u)$. La relation 2.14 s'écrit alors

$$x=p(x)+q(x)=(p+q)(x),$$

et donc $x\in Im(p+q)$. Par suite,

$$Im(p)+Im(q)\subset Im(p+q).$$

Nous pouvons conclure à

$$Im(p+q) = Im(p) + Im(q).$$

- Montrons que $Ker(p+q) = Ker(p) \cap Ker(q)$.
  - Soit $x \in Ker(p) \cap Ker(q)$. On a donc $p(x) = 0_E$ et $q(x) = 0_E$, d'où $(p+q)(x) = p(x)+q(x) = 0_E+0_E = 0_E$, ce qui implique $x \in Ker(p+q)$, et donc

    $$Ker(p) \cap Ker(q) \subset Ker(p+q).$$

  - D'autre part, si $x \in Ker(p+q)$, on a $(p+q)(x) = 0_E$, soit :

    $$p(x) + q(x) = 0_E. \tag{2.15}$$

    Nous en déduisons

    $$p[p(x) + q(x)] = p(0_E) = 0_E,$$

    soit encore

    $$p[p(x)] + p[q(x)] = 0_E, \quad \text{ou} \quad (p \circ p)(x) + (p \circ q)(x) = 0_E.$$

    Or, puisque $p+q$ est un projecteur, $p \circ q = 0_{\mathcal{L}(E)}$. Par suite, $(p \circ p)(x) = 0_E$, soit $p(x) = 0_E$, ce qui montre que $x \in Ker(p)$. La relation 2.15 entraîne également

    $$q[p(x) = q(x)] = q(0_E) = 0_E,$$

    soit

    $$q[p(x)] + q[q(x)] = 0_E, \quad \text{ou} \quad (q \circ p)(x) + (q \circ q)(x) = 0_E.$$

    Compte tenu de $q \circ p = 0_{\mathcal{L}(E)}$, on obtient $(q \circ q)(x) = 0_E$, soit $q(x) = 0_E$, ce qui montre que $x \in Ker(q)$. Ainsi, x est élément de $Ker(p) \cap Ker(q)$ et donc

    $$Ker(p+q) \subset Ker(p) \cap Ker(q).$$

  Nous pouvons donc conclure à

  $$Ker(p+q) = Ker(p) \cap Ker(q).$$

(d) Supposons maintenant que $p \circ q = q \circ p$. On a :

$$p \circ q \circ p \circ q = p \circ p \circ q \circ q = p \circ q,$$

ce qui prouve que $p \circ q$ est un projecteur.

(e) Supposons encore que $p \circ q = q \circ p$.

- Montrons que $Im(p \circ q) = Im(p) \cap Im(q)$.
  - Soit $x \in Im(p \circ q)$. Par conséquent, Il existe $t \in E$ tel que

$$x = (p \circ q)(t) = p[q(t)],$$

et il est clair que $x \in Im(p)$. Puisque $p \circ q = q \circ p$, on a aussi

$$x = (q \circ p)(t) = q[p(t)],$$

ce qui montre que $x \in Im(q)$. Finalement, $x \in Im(p) \cap Im(q)$ et $Im(p \circ q) \subset Im(p) \cap Im(q)$.
  - D'autre part, si $x \in Im(p) \cap Im(q)$, on déduit de la Question 1.(a) que $p(x) = x$ et $q(x) = x$. Par suite,

$$p[q(x)] = p(x), \quad \text{soit} \quad (p \circ q)(x) = p(x) = x.$$

Donc, $x \in Im(p \circ q)$ et l'inclusion $Im(p) \cap Im(q) \subset Im(p \circ q)$ est vérifiée.

Nous pouvons donc conclure à

$$Im(p \circ q) = Im(p) \cap Im(q).$$

- Montrons que $Ker(p \circ q) = Ker(p) + Ker(q)$.
  - Soit $x \in Ker(p \circ q)$. On a donc $(p \circ q)(x) = 0_E$, soit encore $p[q(x)] = 0_E$, ce qui montre que $q(x) \in Ker(p)$. Ecrivons alors judicieusement

$$x = q(x) + [x - q(x)],$$

et montrons que $x - q(x) \in Ker(q)$. En effet,

$$q[x-q(x)] = q(x)-q[q(x)] = q(x)-(q\circ q)(x) = q(x)-q(x) = 0_E.$$

Il en résulte que x est la somme d'un élément de $Ker(p)$ et d'un élément de $Ker(q)$. Donc, x appartient à $Ker(p) + Ker(q)$, d'où :

$$Ker(p \circ q) \subset Ker(p) + Ker(q).$$

  - D'autre part, si $x \in Ker(p) + Ker(q)$, il existe $y \in Ker(p)$ et $z \in Ker(q)$, tels que $x = y + z$. On a donc $p(y) = 0_E$ et $q(z) = 0_E$. Calculons maintenant

$$\begin{aligned}(p \circ q)(x) &= p[q(x)] = p[q(y + z)] = p[q(y) + q(z)]\\ &= p[q(y) + 0_E] = p[q(y)] = (p \circ q)(y)\\ &= (q \circ p)(y) = q[p(y)] = q(0_E) = 0_E.\end{aligned}$$

Par suite, $x \in Ker(p \circ q)$ et $Ker(p) + Ker(q) \subset Ker(p \circ q)$.

Nous pouvons donc conclure à

$$Ker(p + q) = Ker(p) \cap Ker(q).$$

Exercice 32 *Soit E un espace vectoriel sur K. Soient $\alpha, \beta \in K$, $\alpha \neq \beta$ et u un endomorphisme de E tel que*

$$(u - \alpha Id_E) \circ (u - \beta Id_E) = 0_{\mathcal{L}(E)}. \tag{2.16}$$

1. *On pose*
$$p = \frac{u - \alpha Id_E}{\beta - \alpha} \quad \text{et} \quad q = \frac{u - \beta Id_E}{\alpha - \beta}.$$
Montrer que p et q sont des projecteurs de E.[1]
2. (a) *Exprimer u en fonction de p et q.*
   (b) *Pour $n \in \mathbb{N}^*$, exprimer $u^n = \underbrace{u \circ u \circ ... \circ u}_{n \text{ fois}}$ en fonction de p et q.*
3. *Montrer que si $\alpha\beta \neq 0$, u est un automorphisme. Exprimer alors u^{-1} en fonction de p et q.*

Solution –

1. Faisons d'abord les remarques suivantes :
   - Il est clair que l'hypothèse 2.16 implique
   $$p \circ q = 0_{\mathcal{L}(E)}. \tag{2.17}$$
   - D'autre part,
   $$\begin{aligned} q \circ p &= \frac{u - \beta Id_E}{\alpha - \beta} \circ \frac{u - \alpha Id_E}{\beta - \alpha} = \frac{(u - \beta Id_E) \circ (u - \alpha Id_E)}{(\alpha - \beta)(\beta - \alpha)} \\ &= \frac{u \circ u - \beta u - \alpha u + \beta\alpha Id_E}{(\alpha - \beta)(\beta - \alpha)} = \frac{(u - \alpha Id_E) \circ (u - \beta Id_E)}{(\alpha - \beta)(\beta - \alpha)} \\ &= \frac{u - \alpha Id_E}{\beta - \alpha} \circ \frac{u - \beta Id_E}{\alpha - \beta} = p \circ q. \end{aligned}$$
   Nous avons donc également
   $$q \circ p = 0_{\mathcal{L}(E)}. \tag{2.18}$$
   - Calculons de plus
   $$\begin{aligned} Id_E - q = Id_E - \frac{u - \beta Id_E}{\alpha - \beta} &= \frac{(\alpha - \beta) Id_E - (u - \beta Id_E)}{\alpha - \beta} \\ &= \frac{\alpha Id_E - \beta Id_E - u + \beta Id_E}{\alpha - \beta} = \frac{\alpha Id_E - u}{\alpha - \beta} = \frac{u - \alpha Id_E}{\beta - \alpha}. \end{aligned}$$
   Par conséquent,
   $$Id_E - q = p. \tag{2.19}$$

---

1. On pourra se référer à l'Exercice 31.

- Enfin

$$\begin{aligned} Id_E - p = Id_E - \frac{u - \alpha Id_E}{\beta - \alpha} &= \frac{(\beta - \alpha)Id_E - (u - \alpha Id_E)}{\beta - \alpha -} \\ = \frac{\beta Id_E - \alpha Id_E - u + \alpha Id_E}{\beta - \alpha} &= \frac{\beta Id_E - u}{\beta - \alpha} = \frac{u - \beta Id_E}{\alpha - \beta}. \end{aligned}$$

Par conséquent,

$$Id_E - p = q. \tag{2.20}$$

Il est alors aisé de montrer que p et q sont des projecteurs. En effet :

$$p \circ p = p \circ (Id_E - q) = p - p \circ q = p - 0_{\mathcal{L}(E)} = p,$$

$$\text{et} \quad q \circ q = q \circ (Id_E - p) = q - q \circ p = q - 0_{\mathcal{L}(E)} = q.$$

2. (a) Nous avons

$$\beta p = \frac{\beta u - \beta\alpha Id_E}{\beta - \alpha} \quad \text{et} \quad \alpha q = \frac{\alpha u - \alpha\beta Id_E}{\alpha - \beta} = \frac{\alpha\beta Id_E - \alpha u}{\beta - \alpha}.$$

Par suite,

$$\beta p + \alpha q = \frac{\beta u - \beta\alpha Id_E}{\beta - \alpha} + \frac{\alpha\beta Id_E - \alpha u}{\beta - \alpha} = \frac{\beta u - \alpha u}{\beta - \alpha} = u.$$

En définitive,

$$u = \beta p + \alpha q. \tag{2.21}$$

(b) Soit $n \in \mathbb{N}^*$. Montrons, par récurrence sur n, que

$$u^n = \beta^n p + \alpha^n q.$$

- Pour $n = 1$, on a déjà vu que $u^1 = u = \beta p + \alpha q = \beta^1 p + \alpha^1 q$.
- Supposons (hypothèse de récurrence) que la propriété soit vérifiée au rang $n-1$, *i.e.* $u^{n-1} = \beta^{n-1}p + \alpha^{n-1}q$. Alors, puisque $p \circ q = q \circ p = 0_{\mathcal{L}(E)}$,

$$\begin{aligned} u^n &= u^{n-1} \circ u = (\beta^{n-1}p + \alpha^{n-1}q) \circ (\beta p + \alpha q) \\ &= \beta^n p \circ p + \alpha^{n-1}\beta q \circ p + \beta^{n-1}\alpha p \circ q + \alpha^n q \circ q \\ &= \beta^n p + \alpha^n q, \end{aligned}$$

ce qui achève notre récurrence. On a donc bien, pour $n \in \mathbb{N}^*$:

$$u^n = \beta^n p + \alpha^n q. \tag{2.22}$$

3. On suppose ici que $\alpha\beta \neq 0$. L'hypothèse 2.16 s'écrit encore

$$u \circ u - \alpha u - \beta u + \alpha\beta Id_E = 0_{\mathcal{L}(E)},$$

soit

$$u \circ (u - \alpha Id_E - \beta Id_E) = -\alpha\beta Id_E,$$

et puisque $\alpha\beta \neq 0$,

$$u \circ \frac{u - \alpha Id_E \quad \beta Id_E}{-\alpha\beta} = Id_E.$$

Il est ensuite facile de vérifier que l'on a aussi

$$\frac{u - \alpha Id_E - \beta Id_E}{-\alpha\beta} \circ u = Id_E.$$

Ces deux dernières relations assurent que u est bijective et que sa bijection réciproque n'est autre que

$$u^{-1} = \frac{u - \alpha Id_E - \beta Id_E}{-\alpha\beta}.$$

Ecrivons maintenant, en tenant compte de 2.21,

$$u^{-1} = \frac{\beta p + \alpha q - \alpha Id_E - \beta Id_E}{-\alpha\beta} = \frac{\beta(p - Id_E) + \alpha(q - Id_E)}{-\alpha\beta}.$$

Or, $Id_E - p = q$ et $Id_E - q = p$. Donc

$$u^{-1} = \frac{-\beta q - \alpha p}{-\alpha\beta} = \frac{\beta q + \alpha p}{\alpha\beta} = \frac{\beta q}{\alpha\beta} + \frac{\alpha p}{\alpha\beta} = \frac{q}{\alpha} + \frac{p}{\beta},$$

ou encore

$$u^{-1} = \beta^{-1} p + \alpha^{-1} q.$$

La formule 2.22 reste donc vraie pour $n = -1$.

Exercice 33 *Soit E un espace vectoriel sur $\mathbb{R}$ et soit f un endomorphisme de E tel que*

$$f \circ f + 10 f + 100 Id_E = 0_{\mathcal{L}(E)}. \tag{2.23}$$

Soit $x \in E$, $x \neq 0_E$. Montrer que $\{x, f(x)\}$ est une partie libre.

Solution – Soit $x \in E$, $x \neq 0_E$ et soient λ et μ des nombres réels tels que

$$\lambda x + \mu f(x) = 0_E. \tag{2.24}$$

Nous avons nécessairement $\mu = 0$, car si $\mu \neq 0$, la relation 2.24 implique $f(x) = -\frac{\lambda}{\mu}x$, et par suite

$$\begin{aligned}(f \circ f + 10f + 100Id_E)(x) &= f[f(x)] + 10f(x) + 100x \\ &= \frac{\lambda^2}{\mu^2}x - \frac{10\lambda}{\mu}x + 100x \\ &= (\frac{\lambda^2}{\mu^2} - \frac{10\lambda}{\mu} + 100)x.\end{aligned}$$

Compte tenu de l'hypothèse 2.23, on aurait donc

$$(\frac{\lambda^2}{\mu^2} - \frac{10\lambda}{\mu} + 100)x = 0_E,$$

d'où, puisque $x \neq 0_E$,

$$\frac{\lambda^2}{\mu^2} - \frac{10\lambda}{\mu} + 100 = 0.$$

Cette dernière relation signifie que le nombre réel $-\frac{\lambda}{\mu}$ est un zéro du polynôme

$$X^2 + 10X + 100.$$

Or, ce polynôme ne possède pas de racine réelle puisque son discriminant $\Delta = -300$ est strictement négatif. Nous avons donc bien $\mu = 0$. La relation 2.24 s'écrit alors $\lambda x = 0_E$. Or, $x \neq 0_E$, donc $\lambda = 0$.

En définitive, $\{x, f(x)\}$ est une partie libre.

Exercice 34 *Soit E un espace vectoriel sur $\mathbb{R}$ et soit f un endomorphisme de E tel que*

$$f \circ f - 5f + 6Id_E = 0_{\mathcal{L}(E)}. \tag{2.25}$$

Montrer que

$$E = Ker(f - 2Id_E) \oplus Ker(f - 3Id_E).$$

Solution – Tout d'abord, il est facile de vérifier que

$$(f - 2Id_E) \circ (f - 3Id_E) = f \circ f - 5f + 6Id_E = 0_E, \tag{2.26}$$

$$\text{et} \quad (f - 3Id_E) \circ (f - 2Id_E) = f \circ f - 5f + 6Id_E = 0_E. \tag{2.27}$$

- Montrons que

$$E = Ker(f - 3Id_E) + Ker(f - 2Id_E).$$

Il est clair que $Ker(f - 3Id_E) + Ker(f - 2Id_E) \subset E$. Inversement, en remarquant que

$$(f - 2Id_E) - (f - 3Id_E) = Id_E,$$

il apparaît que tout élément x de E s'écrit

$$x = (f - 2Id_E)(x) - (f - 3Id_E)(x). \tag{2.28}$$

Remarquons encore que

$$Im(f - 2Id_E) \subset Ker(f - 3Id_E).$$

En effet, si y est un élément de $Im(f - 2Id_E)$, il existe $x \in E$ tel que $y = (f - 2Id_E)(x)$, d'où, à l'aide de la relation 2.27

$$\begin{aligned}(f - 3Id_E)(y) &= (f - 3Id_E)[(f - 2Id_E)(x)] \\ &= [(f - 3Id_E) \circ (f - 2Id_E)](x) = 0_E,\end{aligned}$$

ce qui prouve notre inclusion. Par suite, pour tout $x \in E$,

$$(f - 2Id_E)(x) \in Ker(f - 3Id_E).$$

De même, la relation 2.26 implique

$$Im(f - 3Id_E) \subset Ker(f - 2Id_E),$$

d'où l'on déduit que pour tout $x \in E$,

$$(f - 3Id_E)(x) \in Ker(f - 2Id_E).$$

La relation 2.28 exprime alors que tout élément de E est la somme d'un élément de $Ker(f - 3Id_E)$ et d'un élément de $Ker(f - 2Id_E)$, d'où l'inclusion

$$E \subset Ker(f - 3Id_E) + Ker(f - 2Id_E),$$

et finalement

$$E = Ker(f - 3Id_E) + Ker(f - 2Id_E).$$

- Montrons que

$$Ker(f - 3Id_E) \cap Ker(f - 2Id_E) = \{0_E\}.$$

L'inclusion

$$\{0_E\} \subset Ker(f - 3Id_E) \cap Ker(f - 2Id_E) \subset E$$

est évidente. Inversement, soit $x \in Ker(f - 3Id_E) \cap Ker(f - 2Id_E)$. Nous avons donc à la fois

$$(f - 3Id_E)(x) = 0_E \quad \text{et} \quad (f - 2Id_E)(x) = 0_E,$$

ce qui s'écrit encore

$$f(x) = 3x \quad \text{et} \quad f(x) = 2x.$$

Nous en déduisons $3x = 2x$, ce qui implique $x = 0_E$. Ainsi, l'inclusion

$$Ker(f - 3Id_E) \cap Ker(f - 2Id_E) \subset \{0_E\}$$

est avérée et finalement,

$$Ker(f - 3Id_E) \cap Ker(f - 2Id_E) = \{0_E\}.$$

Nous pouvons donc conclure à

$$E = Ker(f - 2Id_E) \oplus Ker(f - 3Id_E).$$

Exercice 35 *Soit E un espace vectoriel sur K. Soient u, v et w des endomorphismes non nuls de E, tels que*

$$u \circ v \circ w = 0_{\mathcal{L}(E)}.$$

Montrer que deux au moins de ces endomorphismes ne sont pas bijectifs.

Solution –

- Supposons u bijectif (*i.e.* u est un automorphisme) et notons u^{-1} l'automorphisme réciproque. La relation $u \circ v \circ w = 0_{\mathcal{L}(E)}$ implique alors :

$$u^{-1} \circ u \circ v \circ w = u^{-1} \circ 0_{\mathcal{L}(E)} \quad \text{soit} \quad v \circ w = 0_{\mathcal{L}(E)}. \tag{2.29}$$

Montrons que v et w ne sont pas bijectifs. Pour ce faire, raisonnons par l'absurde en supposant par exemple que v soit bijectif. Notons v^{-1} l'automorphisme réciproque de v. La relation 2.29 implique

$$v^{-1} \circ v \circ w = v^{-1} \circ 0_{\mathcal{L}(E)} \quad \text{soit} \quad w = 0_{\mathcal{L}(E)},$$

ce qui contredit l'hypothèse. L'endomorphisme v n'est donc pas bijectif. De même, si nous supposons que w est bijectif, un raisonnement analogue conduit aussi à une contradiction. Par suite, w n'est pas non plus bijectif. Le résultat annoncé est donc prouvé dans ce premier cas.

- Supposons maintenant que u n'est pas bijectif, et distinguons encore deux cas.
  - L'endomorphisme w n'est pas bijectif. Dans ce cas, il n'y a rien à démontrer.
  - L'endomorphisme w est bijectif (*i.e.* w est un automorphisme). En notant w^{-1} l'automorphisme réciproque de w, l'hypothèse de l'énoncé $u \circ v \circ w = 0_{\mathcal{L}(E)}$ implique

$$u \circ v \circ w \circ w^{-1} = 0_{\mathcal{L}(E)} \circ w^{-1} \quad \text{soit} \quad u \circ v = 0_{\mathcal{L}(E)}. \tag{2.30}$$

Ceci entraîne encore que v n'est pas bijectif. En effet, si v était bijectif, la relation 2.30 impliquerait

$$u \circ v \circ v^{-1} = 0_{\mathcal{L}(E)} \circ v^{-1} \quad \text{soit} \quad u = 0_{\mathcal{L}(E)},$$

ce qui est contraire à l'hypothèse. Ainsi, v n'est pas bijectif. Le résultat annoncé est donc encore prouvé dans ce cas.

Exercice 36 *Soient E un espace vectoriel sur K et u un endomorphisme de E. On suppose qu'il existe un et un seul endomorphisme v de E tel que $u \circ v = Id_E$. Montrer que u est un automorphisme.*

Solution – De l'hypothèse

$$u \circ v = Id_E, \tag{2.31}$$

nous déduisons :

$$u \circ v \circ u = Id_E \circ u.$$

Puisque $Id_E \circ u = u = u \circ Id_E$, ceci implique

$$u \circ v \circ u = u \circ Id_E,$$

ce qui s'écrit également

$$u \circ v \circ u - u \circ Id_E = 0_{\mathcal{L}(E)}, \quad \text{soit} \quad u \circ (v \circ u - Id_E) = 0_{\mathcal{L}(E)}.$$

Calculons alors, en utilisant ce qui précède

$$u \circ (v + v \circ u - Id_E) = u \circ v + u \circ (v \circ u - Id_E) = u \circ v + 0_{\mathcal{L}(E)} = u \circ v = Id_E.$$

Puisque par hypothèse il n'existe qu'un et un seul endomorphisme v de E tel que $u \circ v = Id_E$,

$$v + v \circ u - Id_E = v, \quad \text{soit} \quad v \circ u - Id_E = 0_{\mathcal{L}(E)}.$$

Finalement,

$$v \circ u = Id_E. \tag{2.32}$$

Les relations 2.31 et 2.32 prouvent que l'application u est bijective et que sa bijection réciproque n'est autre que v. C'est donc un automorphisme.

Exercice 37 *Soit E un espace vectoriel sur K. Soient u et v des endomorphismes de E, tels que $Id_E - u \circ v$ soit un automorphisme. Montrer que $Id_E - v \circ u$ est également un automorphisme et déterminer $(Id_E - v \circ u)^{-1}$.*

Solution – Par hypothèse, $Id_E - u \circ v$ est bijective. Pour simplifier, notons w sa bijection réciproque. On a donc :

$$(Id_E - u \circ v) \circ w = Id_E = w \circ (Id_E - u \circ v).$$

De la relation

$$(Id_E - u \circ v) \circ w = Id_E, \quad \text{soit} \quad w - u \circ v \circ w = Id_E,$$

nous déduisons en composant à gauche par v :

$$v \circ w - v \circ u \circ v \circ w = v, \quad \text{soit} \quad (Id_E - v \circ u) \circ v \circ w = v,$$

puis, en composant à droite par u,

$$(Id_E - v \circ u) \circ v \circ w \circ u = v \circ u.$$

En ajoutant Id_E à chaque membre de cette relation, il vient :

$$(Id_E - v \circ u) \circ v \circ w \circ u + Id_E - v \circ u = Id_E,$$

et enfin

$$(Id_E - v \circ u) \circ (v \circ w \circ u + Id_E) = Id_E.$$

Ceci prouve que $Id_E - v \circ u$ possède un inverse à droite pour la loi $\circ$ qui est $v \circ w \circ u + Id_E$.

Montrons maintenant que $v \circ w \circ u + Id_E$ est aussi inverse à gauche de $Id_E - v \circ u$ pour la loi $\circ$. Calculons pour cela :

$$\begin{aligned}(v \circ w \circ u + Id_E) \circ (Id_E - v \circ u) &= v \circ w \circ u - v \circ w \circ u \circ v \circ u + Id_E - v \circ u \\ &= (v \circ w - v \circ w \circ u \circ v - v) \circ u + Id_E \\ &= [v \circ w(Id_E - u \circ v) - v] \circ u + Id_E.\end{aligned}$$

Or, par hypothèse, $w \circ (Id_E - u \circ v) = Id_E$. Donc,

$$(v \circ w \circ u + Id_E) \circ (Id_E - v \circ u) = (v \circ Id_E - v) \circ u + Id_E = 0_{\mathcal{L}(E)} + Id_E = Id_E.$$

Il en résulte que $Id_E - v \circ u$ est bijective, autrement dit que $Id_E - v \circ u$ est un automorphisme dont l'automorphisme réciproque est

$$v \circ w \circ u + Id_E = v \circ (Id_E - u \circ v)^{-1} \circ u + Id_E.$$

Applications linéaires en dimension finie

Exercice 38 *Soit f l'application de $\mathbb{R}^2$ vers $\mathbb{R}^5$ définie en posant pour tout $x = (\xi, \eta) \in \mathbb{R}^2$:*

$$f(x) = (\xi + 2\eta, -2\xi + 3\eta, \xi + \eta, 3\xi + 5\eta, -\xi + 2\eta).$$

1. *Montrer que f est linéaire.*
2. *Déterminer $Ker(f)$. L'application f est-elle injective ?*
3. *Quelle est la dimension de $Im(f)$? L'application f est-elle surjective ?*

Solution –

1. Soient $x = (\xi, \eta), x' = (\xi', \eta') \in \mathbb{R}^2$ et $\lambda \in \mathbb{R}$. On vérifie très aisément que
$$f(x + x') = f(x) + f(x') \quad \text{et} \quad f(\lambda x) = \lambda f(x),$$
le détail des calculs étant laissé au lecteur.
2. Soit $x = (\xi, \eta) \in Ker(f)$. On a donc $f(x) = 0_{\mathbb{R}^5}$, soit
$$(\xi + 2\eta, -2\xi + 3\eta, \xi + \eta, 3\xi + 5\eta, -\xi + 2\eta) = (0, 0, 0, 0, 0),$$
ou encore :
$$\begin{cases} \xi + 2\eta = 0 \\ -2\xi + 3\eta = 0 \\ \xi + \eta = 0 \\ 3\xi + 5\eta = 0 \\ -\xi + 2\eta = 0. \end{cases}$$
Il est facile de voir que ce système admet pour unique solution le couple $(\xi, \eta) = (0, 0)$. Par suite $x = 0_{\mathbb{R}^2}$ ce qui entraîne $Ker(f) \subset \{0_{\mathbb{R}^2}\}$. L'inclusion $\{0_{\mathbb{R}^2}\} \subset Ker(f)$ étant évidente, on a
$$Ker(f) = \{0_{\mathbb{R}^2}\},$$
ce qui implique que f est injective.
3. Le théorème du rang s'écrit
$$dim(\mathbb{R}^2) = dim[Ker(f)] + dim[Im(f)], \quad \text{soit} \quad 2 = 0 + dim[Im(f)].$$
Par suite, $dim[Im(f)] = 2$. Il est alors clair que f n'est pas surjective, puisque si c'était le cas, on aurait nécessairement $dim[Im(f)] = 5$.

Exercice 39 *Dans le $\mathbb{R}$-espace vectoriel $\mathbb{R}^3$, on note :*

$$e_1 = (1,0,0),\ e_2 = (0,1,0),\ e_3 = (0,0,1),$$

les vecteurs de la base canonique et on définit l'application f de $\mathbb{R}^3$ vers lui-même, en posant pour tout vecteur $x = (\xi_1, \xi_2, \xi_3)$ de $\mathbb{R}^3$:

$$f(x) = (3\xi_1 - \xi_2 + \xi_3)e_1 + (4\xi_1 - \xi_2 + 2\xi_3)e_2 + (-2\xi_1 + \xi_2)e_3.$$

1. *Montrer que f est un endomorphisme de $\mathbb{R}^3$.*
2. *On pose $a = e_1 + 2e_2 - e_3$. Calculer $f(e_1), f(e_2), f(e_3)$ et $f(a)$. En déduire une base et la dimension de $Ker(f)$, ainsi qu'une base et la dimension de $Im(f)$.*
3. *Montrer que*
$$Ker(f) \oplus Im(f) = \mathbb{R}^3.$$
4. *On pose $F = \{x \in \mathbb{R}^3; f(x) = x\}$. Montrer que F est un sous-espace vectoriel de $\mathbb{R}^3$.*
5. *Montrer que $f(e_1), f(e_2)$ et $f(e_3)$ sont des éléments de F. En déduire que $F = Im(f)$.*
6. *Montrer que f est un projecteur de $\mathbb{R}^3$.*[2]
7. *On considère les applications*
$$g = f + Id_{\mathbb{R}^3} \quad \text{et} \quad h = Id_{\mathbb{R}^3} - \frac{1}{2}f.$$
Montrer que g et h sont des automorphismes de $\mathbb{R}^3$.

Solution –

1. La vérification de la linéarité de f est laissée au lecteur.
2. Calculons :
$$f(e_1) = 3e_1 + 4e_2 - 2e_3,\quad f(e_2) = -e_1 - e_2 + e_3,\quad f(e_3) = e_1 + 2e_2.$$
Par suite,
$$\begin{aligned} f(a) &= f(e_1 + 2e_2 - e_3)f(e_1) + 2f(e_2) - f(e_3) \\ &= 3e_1 + 4e_2 - 2e_3 - 2e_1 - 2e_2 + 2e_3 - e_1 - 2e_2 = 0_{\mathbb{R}^3}. \end{aligned}$$
Il en résulte que $a \in Ker(f)$.

---

2. On rappelle qu'un projecteur est un endomorphisme f qui satisfait $f \circ f = f$ (*cf.* Exercice 31).

- Nous allons montrer que $Ker(f)$ n'est autre que le sous-espace vectoriel de $\mathbb{R}^3$ engendré par $\{a\}$. Puisque $a \in Ker(f)$, nous pouvons déjà dire que $Vect(\{a\}) \subset Ker(f)$. Inversement, considérons un élément $x = \xi_1 e_1 + \xi_2 e_2 + \xi_3 e_3 \in Ker(f)$. On a $f(x) = 0_{\mathbb{R}^3}$, soit

$$(3\xi_1 - \xi_2 + \xi_3)e_1 + (4\xi_1 - \xi_2 + 2\xi_3)e_2 + (-2\xi_1 + \xi_2)e_3.$$

Puisque $\{e_1, e_2, e_3\}$ est une partie libre, ceci implique

$$\begin{cases} 3\xi_1 - \xi_2 + \xi_3 = 0 & (1) \\ 4\xi_1 - \xi_2 + 2\xi_3 = 0 & (2) \\ -2\xi_1 + \xi_2 = 0. & (3) \end{cases}$$

De (3), on tire $\xi_2 = 2\xi_1$, et en portant dans (1),on obtient $\xi_3 = -\xi_1$. Par suite,

$$x = \xi_1 e_1 + 2\xi_1 e_2 - \xi_1 e_3 = \xi_1(e_1 + 2e_2 - e_3) = \xi_1 a,$$

ce qui montre que $x \in Vect(\{a\})$, et donc que $Ker(f) \subset Vect(\{a\})$. Finalement,

$$Ker(f) = Vect(\{a\}).$$

D'autre part, $a \neq 0_{\mathbb{R}^3}$, donc $\{a\}$ est une partie libre. Pour conclure, $\{a\}$ est une base de $Ker(f)$ et $dim[Ker(f)] = 1$.
- Le théorème du rang nous permet d'écrire

$$dim[Im(f)] = dim(\mathbb{R}^3) - dim[Ker(f)] = 3 - 1 = 2.$$

Pour obtenir une base de $Im(f)$, il suffit alors de trouver dans $Im(f)$ deux vecteurs linéairement indépendants. Par exemple, il est clair que c'est le cas de

$$f(e_1) = 3e_1 + 4e_2 - 2e_3 \quad \text{et} \quad f(e_2) = -e_1 - e_2 + e_3.$$

Par conséquent, $\{3e_1 + 4e_2 - 2e_3, -e_1 - e_2 + e_3\}$ est une base de $Im(f)$.

3. - Montrons que $Ker(f) \cap Im(f) = \{0_{\mathbb{R}^3}\}$. Il est clair que l'inclusion $\{0_{\mathbb{R}^3}\} \subset Ker(f) \cap Im(f)$ est vérifiée. Inversement, soit x un élément de $Ker(f) \cap Im(f)$. Puisque $x \in Ker(f)$, il existe $\lambda \in \mathbb{R}$, tel que

$$x = \lambda a \quad \text{soit} \quad x = \lambda e_1 + 2\lambda e_2 - \lambda e_3. \tag{2.33}$$

Puisque $x \in Im(f)$, il existe μ et ν dans $\mathbb{R}$ tels que

$$\begin{aligned} x &= \mu(3e_1 + 4e_2 - 2e_3) + \nu(-e_1 - e_2 + e_3) \\ &= (3\mu - \nu)e_1 + (4\mu - \nu)e_2 + (-2\mu + \nu)e_3. \end{aligned} \tag{2.34}$$

L'unicité de l'écriture d'un vecteur sur une base conduit alors à

$$\begin{cases} 3\mu - \nu = \lambda & (4) \\ 4\mu - \nu = 2\lambda & (5) \\ -2\mu + \nu = -\lambda. & (6) \end{cases}$$

En ajoutant (4) et (6), on tire $\mu = 0$, d'où, en portant dans (4) et (5),

$$\begin{cases} -\nu = \lambda & (7) \\ -\nu = 2\lambda & (8) \end{cases}$$

Les relations (7) et (8) conduisent alors à $\lambda = 0$, d'où $x = 0_{\mathbb{R}^3}$, et donc

$$Ker(f) \cap Im(f) \subset \{0_{\mathbb{R}^3}\}.$$

Finalement,

$$Ker(f) \cap Im(f) = \{0_{\mathbb{R}^3}\}.$$

- Montrons que $Ker(f) + Im(f) = \mathbb{R}^3$. Nous avons établi que

$$dim[Ker(f) \cap Im(f) = 0.$$

La formule de GRASSMANN permet donc d'écrire :

$$dim[Ker(f) + Im(f)] = 1 + 2 - 0 = 3,$$

ce qui nous permet d'affirmer que

$$Ker(f) + Im(f) = \mathbb{R}^3.$$

En définitive, on a bien

$$Ker(f) \oplus Im(f) = \mathbb{R}^3.$$

4. Remarquons que l'ensemble

$$F = \{x \in \mathbb{R}^3; f(x) = x\}$$

peut également s'écrire

$$F = \{x \in \mathbb{R}^3; (f - Id_{\mathbb{R}^3})(x) = 0_{\mathbb{R}^3}\}.$$

Ce faisant, il apparaît que F n'est autre que le noyau de l'application linéaire $f - Id_{\mathbb{R}^3}$. C'est donc à ce titre un sous-espace vectoriel de $\mathbb{R}^3$.

5. Calculons, en utilisant les résultats précédents :

$$\begin{aligned} f[f(e_1)] &= f(3e_1 + 4e_2 - 2e_3) = 3f(e_1) + 4f(e_2) - 2f(e_3) \\ &= 3(3e_1 + 4e_2 - 2e_3) + 4(-e_1 - e_2 + e_3) - 2(e_1 + 2e_2) \\ &= 3e_1 + 4e_2 - 2e_3 = f(e_1). \\ f[f(e_2)] &= f(-e_1 - e_2 + e_3) = -f(e_1) - f(e_2) + f(e_3) \\ &= -(3e_1 + 4e_2 - 2e_3) - (-e_1 - e_2 + e_3) + (e_1 + 2e_2) \\ &= -e_1 - e_2 + e_3 = f(e_2). \\ f[f(e_3)] &= f(e_1 + 2e_2) = f(e_1) + 2f(e_2) \\ &= 3e_1 + 4e_2 - 2e_3 + 2(-e_1 - e_2 + e_3) \\ &= e_1 + 2e_2 = f(e_3). \end{aligned}$$

Par suite, $f(e_1)$, $f(e_2)$ et $f(e_3)$ sont bien des éléments de F. Nous en déduisons en particulier que $Vect(\{f(e_1), f(e_2)\} \subset F$. Or, nous savons que $\{f(e_1), f(e_2)\}$ est une base de $Im(f)$, ce qui implique que $Vect(\{f(e_1), f(e_2)\} = Im(f)$. Nous pouvons donc affirmer que $Im(f) \subset F$. Inversement, si $x \in F$, $x = f(x)$, donc $x \in Im(f)$. Par conséquent, $F \subset Im(f)$. Finalement,

$$F = Im(f).$$

6. Pour montrer que f est un projecteur, il suffit d'établir que

$$f \circ f = f.$$

Soit $x = \xi_1 e_1 + \xi_2 e_2 + \xi_3 e_3 \in \mathbb{R}^3$. L'application $f \circ f$ est linéaire et d'après les calculs de la question précédente, on a

$$(f \circ f)(e_1) = f(e_1), \quad (f \circ f)(e_2) = f(e_2), \quad (f \circ f)(e_3) = f(e_3).$$

Par suite,

$$\begin{aligned} (f \circ f)(x)] &= (f \circ f)(\xi_1 e_1 + \xi_2 e_2 + \xi_3 e_3)] \\ &= \xi_1 (f \circ f)(e_1) + \xi_2 (f \circ f)(e_2) + \xi_3 (f \circ f)(e_3)] \\ &= \xi_1 f(e_1) + \xi_2 f(e_2) + \xi_3 f(e_3)] \\ &= f(\xi_1 e_1 + \xi_2 e_2 + \xi_3 e_3) = f(x), \end{aligned}$$

ce qui prouve bien que $f \circ f$ est un projecteur.

7. Pour montrer que $g = f + Id_E$ et $h = Id_E - \frac{1}{2}f$ sont des automorphismes, il faut prouver leur bijectivité. Remarquons que

$$\begin{aligned} g \circ h = (f + Id_{\mathbb{R}^3}) \circ (Id_{\mathbb{R}^3} - \frac{1}{2}f) &= f - \frac{1}{2}f \circ f + Id_{\mathbb{R}^3} - \frac{1}{2}f \\ = f - \frac{1}{2}f + Id_{\mathbb{R}^3} - \frac{1}{2}f = Id_{\mathbb{R}^3}. \end{aligned}$$

Un calcul analogue conduit à $h \circ g = Id_{\mathbb{R}^3}$, ce qui prouve que h et g sont bijectifs, que $h = g^{-1}$ et $g = h^{-1}$.

Exercice 40 *On définit l'application f de $\mathbb{R}^3$ vers lui-même, en posant pour tout vecteur $x = (\xi, \eta, \zeta)$ de $\mathbb{R}^3$:*

$$f(x) = (-\sqrt{2}\,\xi + \zeta, \sqrt{2}\,\eta + \zeta, \xi + \eta).$$

1. *Montrer que f est un endomorphisme de $\mathbb{R}^3$.*
2. *On pose $a = (1, -1, \sqrt{2})$. Calculer $f(a)$. En déduire une base de $Ker(f)$ et déterminer la dimension de $Im(f)$.*
3. (a) *On pose*
$$F = \{x \in \mathbb{R}^3; f(x) = 2x\}.$$
Montrer que F est un sous-espace vectoriel de $\mathbb{R}^3$ et en déterminer une base.

   (b) *On pose*
$$G = \{x \in \mathbb{R}^3; f(x) = -2x\}.$$
Montrer que G est un sous-espace vectoriel de $\mathbb{R}^3$ et en déterminer une base.
4. *Montrer que*
$$Im(f) = F \oplus G.$$
5. *Montrer que*
$$\mathbb{R}^3 = Ker(f) \oplus Im(f).$$
L'endomorphisme f est-il un projecteur ?[3]

Solution –

1. La vérification de la linéarité de f est laissée au lecteur.
2. Calculons
$$f(a) = f(1, -1, \sqrt{2}) = (-\sqrt{2} + \sqrt{2}, -\sqrt{2} + \sqrt{2}, 1 - 1) = (0, 0, 0).$$
Il en résulte que $a \in Ker(f)$.
   - Nous allons montrer que $Ker(f)$ n'est autre que le sous-espace vectoriel de $\mathbb{R}^3$ engendré par $\{a\}$. Puisque $a \in Ker(f)$, nous en déduisons que $Vect(\{a\}) \subset Ker(f)$. Inversement, si $x = (\xi, \eta, \zeta) \in Ker(f)$, on a $f(x) = 0_{\mathbb{R}^3}$, soit
$$(-\sqrt{2}\,\xi + \zeta, \sqrt{2}\,\eta + \zeta, \xi + \eta) = (0, 0, 0),$$

3. On rappelle qu'un projecteur est un endomorphisme f qui satisfait $f \circ f = f$ (*cf.* Exercice 31).

$$\text{ou encore} \begin{cases} -\sqrt{2}\,\xi + \zeta = 0 & (1) \\ \sqrt{2}\,\eta + \zeta = 0 & (2) \\ \xi + \eta = 0. & (3) \end{cases}$$

De (3), on tire $\eta = -\xi$, d'où, à l'aide de (2), $\zeta = \sqrt{2}\xi$. Par suite,

$$x = (\xi, -\xi, \sqrt{2}\xi) = \xi(1, -1, \sqrt{2}) = \xi a,$$

ce qui montre que $x \in Vect(\{a\})$, et donc que $Ker(f) \subset Vect(\{a\})$. Finalement,

$$Ker(f) = Vect(\{a\}).$$

D'autre part, $a \neq 0_{\mathbb{R}^3}$, donc $\{a\}$ est une partie libre. Pour conclure, $\{a\}$ est une base de $Ker(f)$ et

$$dim[Ker(f)] = 1.$$

- Le théorème du rang nous permet d'écrire

$$dim[Im(f)] = dim(\mathbb{R}^3) - dim[Ker(f)] = 3 - 1 = 2.$$

3. (a) Remarquons que l'ensemble

$$F = \{x \in \mathbb{R}^3; f(x) = 2x\}$$

peut également s'écrire

$$F = \{x \in \mathbb{R}^3; (f - 2Id_{\mathbb{R}^3})(x) = 0_{\mathbb{R}^3}\}.$$

Ce faisant, il apparaît que F n'est autre que le noyau de l'application linéaire $f - 2Id_{\mathbb{R}^3}$. C'est donc à ce titre un sous-espace vectoriel de $\mathbb{R}^3$. Si $x = (\xi, \eta, \zeta) \in F$, on a $f(x) - 2x = 0_{\mathbb{R}^3}$, soit

$$\begin{cases} -\sqrt{2}\,\xi + \zeta - 2\xi = 0 & (6) \\ \sqrt{2}\,\eta + \zeta - 2\eta = 0 & (7) \\ \xi + \eta - 2\zeta = 0. & (8) \end{cases}$$

De (6), on tire $\xi - \dfrac{\zeta}{2+\sqrt{2}} = \dfrac{2-\sqrt{2}}{2}\zeta$ et $\eta = \dfrac{\zeta}{2-\sqrt{2}} = \dfrac{2+\sqrt{2}}{2}\zeta$.

Par suite,

$$x = (\frac{2-\sqrt{2}}{2}\zeta, \frac{2+\sqrt{2}}{2}\zeta, \zeta) = \zeta(\frac{2-\sqrt{2}}{2}, \frac{2+\sqrt{2}}{2}, 1) = \zeta b,$$

où $b = (\frac{2-\sqrt{2}}{2}, \frac{2+\sqrt{2}}{2}, 1)$. Donc $x \in Vect(\{b\})$, et $F \subset Vect(\{b\})$. Inversement, calculons

$$\begin{aligned} f(b) &= (-\sqrt{(2)}\frac{2-\sqrt{2}}{2} + 1, \sqrt{2}\frac{2+\sqrt{2}}{2} + 1, \frac{2-\sqrt{2}}{2} + \frac{2+\sqrt{2}}{2}) \\ &= (2 - \sqrt{2}, 2 + \sqrt{2}, 2) = 2(\frac{2-\sqrt{2}}{2}, \frac{2+\sqrt{2}}{2}, 1) = 2b, \end{aligned}$$

ce qui prouve que $b \in F$ et que $Vect(\{b\}) \subset F$. Finalement,

$$F = Vect(\{b\}).$$

D'autre part, $b \neq 0_{\mathbb{R}^3}$, donc $\{b\}$ est une partie libre. Pour conclure, $\{b\}$ est une base de F et

$$dim(F) = 1.$$

(b) De même,

$$G = \{x \in \mathbb{R}^3; (f + 2Id_{\mathbb{R}^3})(x) = 0_{\mathbb{R}^3}\}$$

est le noyau de l'application linéaire $f + 2Id_{\mathbb{R}^3}$. C'est donc également un sous-espace vectoriel de $\mathbb{R}^3$. A l'aide d'un calcul en tout point semblable au précédent, on démontre que $G = Vect(\{c\})$, où $c = (\frac{-\sqrt{2}-2}{2}, \frac{\sqrt{2}-2}{2}, 1)$, que $\{c\}$ est une base de G et donc que

$$dim(G) = 1.$$

4. • Montrons que $F \cap G = \{0_{\mathbb{R}^3}\}$. L'inclusion $\{0_{\mathbb{R}^3}\} \subset F \cap G$ est triviale. Inversement, si $x \in F \cap G$, on a à la fois $x = 2x$ et $x = -2x$, d'où $2x = -2x$, ou encore $4x = 0_{\mathbb{R}^3}$ d'où $x = 0_{\mathbb{R}^3}$. Donc $F \cap G \subset \{0_{\mathbb{R}^3}\}$. Finalement,

$$F \cap G = \{0_{\mathbb{R}^3}\}.$$

• Montrons que $F + G = Im(f)$. Si $x \in F$, on a $f(x) = 2x$, d'où $x = \frac{1}{2}f(x) = f(\frac{1}{2}x)$. Par suite, $x \in Im(f)$ et donc $F \subset Im(f)$. De même, si $x \in G$, $f(x) = -2x$, d'où $x = f(-\frac{1}{2}x)$. Donc, $x \in Im(f)$ et $G \subset Im(f)$. Nous en déduisons que $F \cup G \subset Im(f)$, d'où

$$Vect(F \cup G) \subset Vect[Im(f)] = Im(f).$$

Or, $Vect(F \cup G) = F + G$ (*cf.* Proposition 5). L'inclusion ci-dessus s'écrit donc $F + G \subset Im(f)$. D'autre part, la formule de GRASSMANN nous donne

$$dim(F + G) = dim(F) + dim(G) - dim(F \cap G) = 1 + 1 - 0 = 2,$$

et par conséquent,

$$F + G = Im(f).$$

Nous pouvons donc conclure à

$$F \oplus G = Im(f).$$

5. • Montrons que
$$Ker(f) \cap Im(f) = \{0_{\mathbb{R}^3}\}.$$
L'inclusion $\{0_{\mathbb{R}^3}\} \subset Ker(f) \cap Im(f)$ est évidente. Inversement, soit x un élément de $Ker(f) \cap Im(f)$. Puisque $Im(F) = F \oplus G$, il existe $t \in F$ et $u \in G$ tels que $x = t + u$. Les résultats obtenus dans la question 3 nous affirment l'existence de nombres réels α et β tels que $t = \alpha b$ et $u = \beta c$. Par suite, $x = \alpha b + \beta c$, et donc
$$f(x) = \alpha f(b) + \beta f(c) = 2\alpha b - 2\beta c.$$
Or, $x \in Ker(f)$, ce qui implique $f(x) = 0_{\mathbb{R}^3}$. Par conséquent,
$$2\alpha b - 2\beta c = 0_{\mathbb{R}^3}, \text{ soit } 2\alpha b = 2\beta c \text{ ou encore } \alpha b = \beta c \text{ i.e. } t = u.$$
Sachant que $F \cap G = \{0_{\mathbb{R}^3}\}$, nous en déduisons $t = u = 0_{\mathbb{R}^3}$. Il en résulte que $x = 0_{\mathbb{R}^3}$, d'où $Ker(f) \cap Im(f) \subset \{0_{\mathbb{R}^3}\}$ et finalement
$$Ker(f) \cap Im(f) = \{0_{\mathbb{R}^3}\}.$$

• Montrons ensuite que
$$Ker(f) + Im(f) = \mathbb{R}^3.$$
Ici encore, l'inclusion $Ker(f) + Im(f) \subset \mathbb{R}^3$ est triviale, et la formule de GRASSMANN nous donne
$$dim[Ker(f) + Im(f) = 1 + 2 - 0 = 3.$$
Nous pouvons donc affirmer que
$$Ker(f) + Im(f) = \mathbb{R}^3$$
et conclure à
$$Ker(f) \oplus Im(f) = \mathbb{R}^3.$$

Bien que cette dernière propriété soit vérifiée pour les projecteurs, elle n'est pas caractéristique des projecteurs.

Il est facile de voir ici que f n'est pas un projecteur, puisque, compte tenu du fait que $b \in F$, on a :
$$f(b) = 2b, \quad \text{d'où} \quad f[f(b)] = f(2b) = 2f(b) = 2.2b = 4b,$$
ce qui suffit pour affirmer que $f \circ f \neq f$.

Exercice 41 *Dans le $\mathbb{R}$-espace vectoriel $\mathbb{R}^4$, on note :*

$$e_1 = (1,0,0,0),\ e_2 = (0,1,0,0),\ e_3 = (0,0,1,0), e_4 = (0,0,0,1),$$

les vecteurs de la base canonique et on désigne par f l'unique endomorphisme de $\mathbb{R}^4$ tel que

$$f(e_1) = 3e_3; \quad f(e_2) = -3e_2 + e_4; \quad f(e_3) = -3e_3; \quad f(e_4) = 0_{\mathbb{R}^3}.$$

1. *Si $x = (\xi, \eta, \zeta, \omega) \in \mathbb{R}^4$, exprimer $f(x)$ en fonction de ξ, η, ζ et ω.*
2. *Déterminer une base de $Im(f)$. Quel est le rang de f ?*
3. *Donner la dimension de $Ker(f)$ et en déterminer une base.*
4. *On pose*

$$a = 3e_3,\ b = -3e_2 + e_4,\ c = e_1 + e_3,\ d = e_4.$$

Montrer que $\{a, b, c, d\}$ est une base de $\mathbb{R}^4$.

5. *Montrer que*
$$\mathbb{R}^4 = Ker(f) \oplus Im(f).$$
6. *Pour $n \in \mathbb{N}^*$, on définit f^n en posant :*

$$f^1 = f \quad \text{et pour } n \geq 2, \quad f^n = f \circ f^{n-1}.$$

Si $x = (\xi, \eta, \zeta, \omega) \in \mathbb{R}^4$, exprimer $f^n(x)$ en fonction de ξ, η, ζ et ω.

Solution –

1. Si $x = (\xi, \eta, \zeta, \omega) \in \mathbb{R}^4$, en écrivant $x = \xi e_1 + \eta e_2 + \zeta e_3 + \omega e_4$, et compte tenu du fait que f est linéaire, on a :

$$\begin{aligned} f(x) &= \xi f(e_1) + \eta f(e_2) + \zeta f(e_3) + \omega f(e_4) \\ &= \xi(3e_3) + \eta(-3e_2 + e_4) + \zeta(-3e_3) + \omega(0_{\mathbb{R}^3}) \\ &= 3\xi e_3 - 3\eta e_2 + \eta e_4 - 3\zeta e_3 \\ &= -3\eta e_2 + (3\xi - 3\zeta)e_3 + \eta e_4, \end{aligned}$$

soit
$$f(x) = (0, -3\eta, 3\xi - 3\zeta, \eta).$$

2. Montrons d'abord que

$$Im(f) = Vect(\{f(e_1), f(e_2)\}).$$

L'inclusion évidente $\{f(e_1), f(e_2)\} \subset Im(f)$ implique déjà

$$Vect(\{f(e_1), f(e_2)\}) \subset Vect[Im(f)] = Im(f).$$

Inversement, soit $y \in Im(f)$. Il existe donc $x = (\xi, \eta, \zeta, \omega)$, tel que $y = f(x)$, soit en reprenant le calcul de la première question

$$\begin{aligned} y &= 3\xi e_3 - 3\eta e_2 + \eta e_4 - 3\zeta e_3 \\ &= (\xi - \zeta)(3e_3) + \eta(-3e_2 + e_4), \end{aligned}$$

soit

$$y = (\xi - \zeta)f(e_3) + \eta f(e_2).$$

Par suite, $y \in Vect(\{f(e_1), f(e_2)\})$, d'où $Im(f) \subset Vect(\{f(e_1), f(e_2)\})$. Finalement,

$$Im(f) = Vect(\{f(e_1), f(e_2)\}).$$

D'autre part, il est bien évident que les vecteurs $f(e_1)$ et $f(e_2)$ sont linéairement indépendants. La partie $\{f(e_1), f(e_2)\}$ étant libre et génératrice de $Im(f)$, elle en constitue une base. Donc

$$dim[Im(f)] = 2.$$

3. Le théorème du rang nous donne :

$$dim[Ker(f)] = dim(\mathbb{R}^4) - dim[Im(f)] = 4 - 2 = 2.$$

Remarquons alors que $f(e_4) = 0_{\mathbb{R}^4}$, et que

$$f(e_1) + f(e_3) = 3e_3 - 3e_3 = 0_{\mathbb{R}^4}, \quad \text{soit} \quad f(e_1 + e_3) = 0_{\mathbb{R}^4}.$$

Les vecteurs e_4 et $e_1 + e_3$ sont donc des vecteurs de $Ker(f)$. Ils sont visiblement linéairement indépendants et du fait que $dim[Ker(f)] = 2$, la partie $\{e_4, e_1 + e_3\}$ est libre maximale dans $Ker(f)$. Par suite, elle constitue une base de $Ker(f)$.

4. Pour montrer que $\{a, b, c, d\}$ est une base de $\mathbb{R}^4$, il suffit de prouver que c'est une partie libre, puisqu'étant de cardinal 4, elle sera alors libre maximale dans $\mathbb{R}^4$. Soient λ, μ, ν, τ des nombres réels tels que

$$\lambda a + \mu b + \nu c + \tau d = 0_{\mathbb{R}^4},$$

i.e.

$$\lambda(3e_3) + \mu(-3e_2 + e_4) + \nu(e_1 + e_3) + \tau(e_4) = 0_{\mathbb{R}^4},$$

soit encore

$$\nu e_1 - 3\mu e_2 + (3\lambda + \nu)e_3 + (\mu + \tau)e_4 = 0_{\mathbb{R}^4}.$$

Puisque $\{e_1, e_2, e_3, e_4\}$ est une partie libre,

$$\begin{cases} \lambda = 0 \\ -3\mu = 0 \\ 3\lambda + \nu = 0 \\ \mu + \tau = 0. \end{cases}$$

Nous en déduisons aisément $\lambda = \mu = \nu = \tau = 0$, et il est clair que $\lambda = 0$, $\mu = 0$, $\nu = 0$, $\tau = 0$, satisfont bien au système ci-dessus. La partie $\{a, b, c, d\}$ est donc libre et par suite est une base de $\mathbb{R}^4$.

5. • Montrons que l'on a

$$Ker(f) \cap Im(f) = \{0_{\mathbb{R}^4}\}.$$

Il est clair que l'on a $\{0_{\mathbb{R}^4}\} \subset Ker(f) \cap Im(f)$. Inversement, soit $x \in Ker(f) \cap Im(f)$. Puisque $x \in Ker(f)$, et que d'après la question 3, $\{c, d\}$ est une base de $Ker(f)$, il existe des nombres réels α et β tels que

$$x = \alpha c + \beta d. \tag{2.35}$$

De même, puisque $x \in Im(f)$ et que d'après la question 2, $\{a, b\}$ est une base de $Im(f)$, il existe des nombres réels γ et δ tels que

$$x = \gamma a + \beta b. \tag{2.36}$$

De 2.35 et 2.36, nous déduisons

$$\alpha c + \beta d - \gamma a - \beta b = 0_{\mathbb{R}^4}. \tag{2.37}$$

Or, d'après la question précédente, $\{a, b, c, d\}$ est une partie libre. La relation 2.37 entraîne alors $\alpha = \beta = \gamma = \delta = 0$, prouvant ainsi que $x = 0_{\mathbb{R}^4}$ et donc que

$$Ker(f) \cap Im(f) \subset \{0_{\mathbb{R}^4}\}.$$

Nous pouvons donc conclure à

$$Ker(f) \cap Im(f) = \{0_{\mathbb{R}^4}\}.$$

• La formule de GRASSMANN, qui s'écrit ici

$$dim[Ker(f) + Im(f)] = 2 + 2 - 0 = 4,$$

et l'inclusion triviale

$$Ker(f) + Im(f)] \subset \mathbb{R}^4$$

ont pour conséquence

$$Ker(f) + Im(f) = \mathbb{R}^4.$$

Finalement,

$$Ker(f) \oplus Im(f) = \mathbb{R}^4.$$

6. Si $x = (\xi, \eta, \zeta, \omega) \in \mathbb{R}^4$, nous avons vu dans la question 1, que

$$f(x) = (0, -3\eta, 3\xi - 3\zeta, \eta).$$

Nous en déduisons donc

$$f^2(x) = (0, 9\eta, -9\xi + 9\zeta, -3\eta),$$

puis

$$f^3(x) = (0, -27\eta, 27\xi - 27\zeta, -9\eta).$$

Il est alors raisonnable de conjecturer que

$$f^n(x) = \big(0, (-1)^n 3^n \eta, (-1)^{n-1} 3^n \xi + (-1)^n 3^n \zeta, (-1)^{n-1} 3^{n-1} \eta\big).$$

Nous allons le démontrer par récurrence.
- Les calculs ci-dessus prouvent le résultat pour $n = 1, 2, 3$.
- Supposons (hypothèse de récurrence) que

$$f^n(x) = \big(0, (-1)^n 3^n \eta, (-1)^{n-1} 3^n \xi + (-1)^n 3^n \zeta, (-1)^{n-1} 3^{n-1} \eta\big).$$

Nous en déduisons

$$\begin{aligned} f^{n+1}(x) &= \big(0, -3((-1)^n 3^n \eta), -3((-1)^{n-1} 3^n \xi + (-1)^n 3^n \zeta), (-1)^n 3^n \eta\big) \\ &= \big(0, (-1)^{n+1} 3^{n+1} \eta, (-1)^n 3^{n+1} \xi + (-1)^{n+1} 3^{n+1} \zeta, (-1)^n 3^n \eta\big), \end{aligned}$$

ce qui achève notre démonstration.

Exercice 42 *Dans le $\mathbb{R}$-espace vectoriel $\mathbb{R}^4$, on considère les vecteurs :*

$$a = (0, 6, -1, 4), \quad b = (3, 3, 1, 5),$$

$$u = (1, 0, 0, 0), \quad v = (1, -1, 0, 1), \quad w = (0, 2, 1, 0).$$

1. *On désigne par F le sous-espace vectoriel de $\mathbb{R}^4$ engendré par $\{a, b\}$. Déterminer la dimension de F et en donner une base.*
2. *On désigne par G le sous-espace vectoriel de $\mathbb{R}^4$ engendré par $\{u, v, w\}$. Déterminer la dimension de G et en donner une base.*
3. *(a) Montrer que $2v + w = \frac{1}{3}(2b - a)$.*
   (b) Montrer que $a \notin G$.
   (c) Déterminer la dimension de $F \cap G$ et en donner une base.
   (d) Quelle est la dimension de $F + G$? A-t-on les relations

$$\mathbb{R}^4 = F + G \ ? \qquad \mathbb{R}^4 = F \oplus G \ ?$$

4. *On définit l'application f, de $\mathbb{R}^4$ vers lui-même en posant, pour tout vecteur $x = (\xi, \eta, \zeta, \omega)$ de $\mathbb{R}^4$:*

$$f(x) = (4\xi + 2\zeta + 4\omega, 0, 2\xi + \zeta + 2\omega, 4\xi + 2\zeta + 4\omega).$$

   (a) *Montrer que f est un endomorphisme.*

   (b) *Déterminer $Im(f)$. Quelle est la dimension de $Ker(f)$? L'application f est-elle bijective ?*

   (c) *Déterminer une base de $Ker(f)$.*

Solution –

1. Puisque $F = Vect(\{a, b\})$, on a $dim(F) \leq 2$. Montrons que $\{a, b\}$ est une partie libre. Soient λ et μ des nombres réels tels que l'on ait $\lambda a + \mu b = 0_{\mathbb{R}^4}$, *i.e.*

$$\lambda(0, 6, -1, 4) + \mu(3, 3, 1, 5) = (0, 0, 0, 0),$$

soit

$$(3\mu, 6\lambda + 3\mu, -\lambda + \mu, 4\lambda + 5\mu) = (0, 0, 0, 0),$$

ce qui équivaut à

$$\begin{cases} 3\mu = 0 \\ 6\lambda + 3\mu = 0 \\ -\lambda + \mu = 0 \\ 4\lambda + 5\mu = 0. \end{cases}$$

On en déduit trivialement $\lambda = \mu = 0$, et il est clair que $\lambda = 0$ et $\mu = 0$ satisfont bien au système ci-dessus. La partie $\{a, b\}$ est donc libre. Nous en déduisons que $dim(F) \geq 2$. Finalement $dim(F) = 2$ et $\{a, b\}$ est une base de F.

2. Puisque $G = Vect(\{u, v, w\})$, on a $dim(G) \leq 3$. Montrons que $\{u, v, w\}$ est une partie libre. Soient λ, μ et ν des nombres réels tels que l'on ait $\lambda u + \mu v + \nu c = 0_{\mathbb{R}^4}$, *i.e.*

$$\lambda(1, 0, 0, 0) + \mu(1, -1, 0, 1) + \nu(0, 2, 1, 0) = (0, 0, 0, 0),$$

soit

$$(\lambda + \mu, -\mu + 2\lambda + 3\mu, \nu, \mu) = (0, 0, 0, 0),$$

ce qui équivaut à

$$\begin{cases} \lambda + \mu = 0 \\ -\mu + 2\lambda = 0 \\ \nu = 0 \\ \mu = 0. \end{cases}$$

On en déduit trivialement $\lambda = \mu = \nu = 0$, et inversement, il est clair que $\lambda = 0$, $\mu = 0$ et $\nu = 0$ satisfont bien au système ci-dessus. La partie $\{u, v, w\}$ est donc libre. Nous en déduisons que $dim(G) \geq 3$. Finalement $dim(G) = 3$ et $\{u, v, w\}$ est une base de G.

3. (a) Un calcul élémentaire donne

$$2v + w = 2((1, -1, 0, 1) + (0, 2, 1, 0) = (2, 1, 1, 2)$$

et

$$\frac{1}{3}(2b - a) = \frac{1}{3}[2(3, 3, 1, 5) - (0, 6, -1, 4)] - (2, 0, 1, 2).$$

Nous avons donc bien $2v + w = \frac{1}{3}(2b - a)$.

(b) Raisonnons par l'absurde en supposant que $a \in G$. Il existe alors des nombres réels α, β, et γ, tels que $a = \alpha u + \beta v + \gamma w$, soit

$$(0, 6, -1, 4) = (\alpha + \beta, -\beta + 2\gamma, \gamma, \beta),$$

ce qui équivaut à

$$\begin{cases} \alpha + \beta = 0 \\ -\beta + 2\gamma = 6 \\ \gamma = -1 \\ \beta = 4. \end{cases}$$

Or, il est clair que ce système n'admet pas de solutions puisque $\beta = 4$ et $\gamma = -1$ ne satisfont pas à $-\beta + 2\gamma = 6$. Cette contradiction prouve bien que $a \notin G$.

(c) Montrons que la dimension de $F \cap G$ est 1.

- Pour cela, nous allons commencer par montrer que

$$dim(F \cap G) \geq 1.$$

Considérons le vecteur $z = (2, 0, 1, 2)$. D'après 3a, $z = 2v + w$, donc $z \in G$, et $z = \frac{1}{3}(2b - a)$, donc $z \in F$. Par suite, $z \in F \cap G$. Comme $z \neq 0_E$, nous en déduisons que $dim(F \cap G) \geq 1$.

- Nous allons maintenant montrer que

$$dim(F \cap G) \leq 2.$$

En effet, l'inclusion $F \cap G \subset F$ implique $dim(F \cap G) \leq dim(F)$, soit $dim(F \cap G) \leq 2$.

- Enfin, nous allons montrer par l'absurde que

$$dim(F \cap G) \neq 2.$$

Supposons un instant que $dim(F \cap G) = 2$. Nous aurions alors $F \cap G = F$. Dans ce cas, a qui est un élément de F serait aussi un élément de $F \cap G$, donc de G, ce qui vient contredire 3b. L'hypothèse $dim(F \cap G) = 2$ est donc à rejeter.

Finalement $dim(F \cap G) = 1$ et le singleton $\{z\}$ constitue une base de $F \cap G$.

(d) La formule de GRASSMANN nous donne

$$dim(F + G) = dim(F) + dim(G) - dim(F \cap G) = 2 + 3 - 1 = 4.$$

Il en résulte donc que $F + G = \mathbb{R}^4$. En revanche, compte tenu du fait que $dim(F \cap G) = 1$, l'égalité $F \oplus G = \mathbb{R}^4$ est inexacte.

4. (a) Nous laissons le lecteur écrire la preuve que f est linéaire.

(b) Nous allons montrer par double inclusion, que $Im(f) = Vect(\{z\})$.

- Soit $y \in Im(f)$. Il existe alors $x = (\xi, \eta, \zeta, \omega)$ dans $\mathbb{R}^4$, tel que $y = f(x)$, soit

$$\begin{aligned} y &= (4\xi + 2\zeta + 4\omega, 0, 2\xi + \zeta + 2\omega, 4\xi + 2\zeta + 4\omega) \\ &= (2\xi + \zeta + 2\omega)(2, 0, 1, 2) = (2\xi + \zeta + 2\omega)z. \end{aligned}$$

Ainsi, $y \in Vect(\{z\})$ et par suite, $Im(f) \subset Vect(\{z\})$.

- Inversement, en remarquant que $z = (2, 0, 1, 2) = f[(0, 0, 1, 0)]$ on voit que $z \in Im(f)$, ce qui entraîne $Vect(\{z\}) \subset Im(f)$. Nous avons donc établi que

$$Im(f) = Vect(\{z\}),$$

et donc que $dim[Im(f)] = 1$. Or, nous avons montré dans 3c que l'on a aussi $F \cap G = Vect(\{z\})$.

Par suite,

$$Im(f) = F \cap G.$$

Le théorème du rang nous permet d'écrire

$$dim[Ker(f)] = dim(\mathbb{R}^4) - dim[Im(f)] = 4 - 1 = 3.$$

Il en résulte que l'application f est non injective, donc non bijective.

5. Si $x = (\xi, \eta, \zeta, \omega)$ est dans $Ker(f)$, on a $f(x) = 0_E$, ce qui se traduit par

$$2\xi + \zeta + 2\omega = 0. \tag{2.38}$$

Posons par exemple :

$$c = (0, 1, 0, 0), \quad d = (1, 0, 0, -1), \quad \text{et} \quad e = (1, 0, -4, 0).$$

Le lecteur vérifiera sans problème que les coordonnées de c, d et e satisfont à la condition 2.38 et donc que c, d et e sont des éléments de $Ker(f)$. Il vérifiera tout aussi aisément que $\{c, d, e\}$ est une partie libre. Comme elle possède trois éléments et que $dim[Ker(f)] = 3$, elle en constitue une base.

Exercice 43 *Dans le $\mathbb{R}$-espace vectoriel $\mathbb{R}^4$, on considère la partie*

$$F = \{(\xi, \eta, \zeta, \omega) \in \mathbb{R}^4; \xi + \eta + \zeta + \omega = 0\}.$$

1. *Montrer que F est un sous-espace vectoriel de $\mathbb{R}^4$ et en déterminer une base.*
2. *On considère les vecteurs :*

$$a = (1, -1, 0, 2), \quad b = (0, 1, -2, -1), \quad c = (1, 1, -4, 0),$$

et on désigne par G le sous-espace vectoriel de $\mathbb{R}^4$ engendré par $\{a, b, c\}$. Déterminer la dimension de G et en donner une base.

3. *Existe-t-il un endomorphisme f de $\mathbb{R}^4$ tel que*

$$Ker(f) = F \quad \text{et} \quad Im(f) = G?$$

4. *Soit H la droite de $\mathbb{R}^4$ engendrée par $k = (1, 1, 1, 1)$. Montrer que*

$$\mathbb{R}^4 = F \oplus H.$$

5. *Construire un endomorphisme g de $\mathbb{R}^4$ tel que*

$$Ker(g) = F \quad \text{et} \quad Im(g) = H.$$

Solution –

1. Introduisons l'application ϕ, de $\mathbb{R}^4$ vers $\mathbb{R}$, définie en posant, pour tout $x = (\xi, \eta, \zeta, \omega) \in \mathbb{R}^4$:

$$\phi(x) = \xi + \eta + \zeta + \omega.$$

On vérifie trivialement que ϕ est linéaire. La partie F de $\mathbb{R}^4$ considérée dans l'énoncé apparaît alors comme étant le noyau de cette application. A ce titre F est donc un sous-espace vectoriel de $\mathbb{R}^4$. L'application ϕ n'étant pas nulle, $dim[Im(\phi)] \geq 1$. D'autre part, l'inclusion $Im(\phi) \subset \mathbb{R}$ entraîne $dim[Im(\phi)] \leq 1$. Donc

$$dim[Im(\phi)] = 1.$$

Le théorème du rang nous donne alors

$$dim[Ker(\phi)] = dim(\mathbb{R}^4) - dim[Im(\phi)] = 4 - 1 = 3.$$

Pour obtenir une base de F, il suffit donc d'exhiber trois vecteurs de F formant une partie libre, ce qui est particulièrement simple. Choisissons par exemple

$$u = (1, -1, 0, 0), \quad v = (1, 0, -1, 0), \quad \text{et} \quad w = (1, 0, 0 - 1),$$

qui sont des vecteurs répondant parfaitement à la question.

2. Montrons que $G = Vect(\{a,b\})$. L'inclusion $\{a,b\} \subset \{a,b,c\}$ implique $Vect(\{a,b\}) \subset Vect(\{a,b,c\}) = G$. Inversement, si x est un élément de $G = Vect(\{a,b,c\})$, il existe des nombres réels α, β, et γ tels que $x = \alpha a + \beta b + \gamma c$. Or, nous remarquons que $c = a + 2b$. Par suite,

$$x = \alpha a + \beta b + \gamma(a + 2b) = (\alpha + \gamma)a + (\beta + 2\gamma)b,$$

et donc $x \in Vect(\{a,b\})$. Par suite, $G = Vect(\{a,b,c\}) \subset Vect(\{a,b\})$. En définitive,

$$G = Vect(\{a,b\}).$$

D'autre part, il est bien clair que a et b sont linéairement indépendants. Il résulte de cette étude que $\{a,b\}$ est une partie libre et génératrice de G. C'est donc une base de G, et

$$dim(G) = 2.$$

3. La réponse est non, car s'il existait un endomorphisme f de $\mathbb{R}^4$ tel que $Ker(f) = F$ et $Im(f) = G$, nous aurions

$$dim[Ker(f)] + dim[Im(f) = 3 + 2 = 5,$$

ce qui vient contredire le théorème du rang !

4. • Montrons d'abord que $F \cap H = \{0_E\}$. L'inclusion $\{0_E\} \subset F \cap H$ est triviale. Inversement, si $x = (\xi, \eta, \zeta, \omega) \in F \cap H$, alors $x \in F$ et

$$\xi + \eta + \zeta + \omega = 0. \tag{2.39}$$

D'autre part, $x \in H$, donc il existe un nombre réel λ tel que $x = \lambda k$, soit

$$(\xi, \eta, \zeta, \omega) = \lambda(1,1,1,1) = (\lambda, \lambda, \lambda, , \lambda).$$

Par suite, $\xi = \eta = \zeta = \omega = \lambda$. La relation 2.39 s'écrit alors $4\lambda = 0$, d'où $\lambda = 0$ et $x = 0_E$. On a donc $F \cap H \subset \{0_E\}$, et finalement

$$F \cap H = \{0_E\}.$$

• Montrons ensuite que $F + H = \mathbb{R}^4$. Il est évident que $F + H \subset \mathbb{R}^4$ et la formule de GRASSMANN nous donne

$$dim(F + H) = dim(F) + dim(H) - dim(F \cap H) = 3 + 1 - 0 = 4.$$

Par conséquent,

$$F + H = \mathbb{R}^4.$$

Finalement,

$$F \oplus H = \mathbb{R}^4.$$

5. Puisque $F \oplus H = \mathbb{R}^4$, nous obtenons une base de $\mathbb{R}^4$ en réunissant une base de F et une base de H. Ainsi $\{u, v, w, k\}$ est une base de $\mathbb{R}^4$. Considérons l'unique application linéaire g définie en se donnant les images des vecteurs de cette base à l'aide dc

$$f(u) = 0_E, \quad f(v) = 0_E, \quad f(w) = 0_E, \quad f(k) = k.$$

Le lecteur vérifiera aisément que cette application répond à la question posée.

Exercice 44 *On note $\mathcal{F}(\mathbb{R}, \mathbb{R})$ le $\mathbb{R}$-espace vectoriel de toutes les applications de $\mathbb{R}$ vers $\mathbb{R}$ et on désigne par $\mathcal{E}$ l'ensemble des applications f de $\mathbb{R}$ vers $\mathbb{R}$ ayant la propriété suivante : il existe des nombres réels α_1, α_2 et α_3 tels que :*

$$f(x) = \begin{cases} 0 & si\ x < 0 \\ \alpha_1 & si\ 0 \leq x < 1, \\ \alpha_2 & si\ 1 \leq x < 2, \\ \alpha_3 & si\ 2 \leq x < 3, \\ 0 & si\ 3 \leq x. \end{cases}$$

1. *Montrer que $\mathcal{E}$ est un sous-espace vectoriel de $\mathcal{F}(\mathbb{R}, \mathbb{R})$.*
2. *On définit les applications h_1, h_2, et h_3, de $\mathbb{R}$ vers $\mathbb{R}$, en posant :*

$$h_1(x) = \begin{cases} 1 & si\ 0 \leq x < 1, \\ 0 & sinon; \end{cases}$$

$$h_2(x) = \begin{cases} 1 & si\ 1 \leq x < 2, \\ 0 & sinon; \end{cases}$$

$$h_3(x) = \begin{cases} 1 & si\ 2 \leq x < 3, \\ 0 & sinon. \end{cases}$$

Montrer que $\{h_1, h_2, h_3\}$ est une base de $\mathcal{E}$.

3. *On considère l'application ϕ, de $\mathcal{E}$ vers $\mathbb{R}$, définie en posant pour toute $f \in \mathcal{E}$:*

$$\phi(f) = f(0).$$

   (a) *Montrer que ϕ est linéaire.*

   (b) *Déterminer la dimension de $Ker(\phi)$ et en donner une base.*

4. *On note $\mathcal{C}^0(\mathbb{R}, \mathbb{R})$ le sous-espace vectoriel de $\mathcal{F}(\mathbb{R}, \mathbb{R})$ constitué des applications continues de $\mathbb{R}$ vers $\mathbb{R}$. Déterminer $\mathcal{E} \cap \mathcal{C}^0(\mathbb{R}, \mathbb{R})$.*

Solution –

1. Il est clair que $\mathcal{E}$ n'est pas vide puisque l'application nulle est un élément de $\mathcal{E}$. Le lecteur vérifiera aisément que si f et g sont des éléments de $\mathcal{E}$, il en est de même de $f+g$. De même, si $\lambda \in \mathbb{R}$, λf est aussi un élément de $\mathcal{E}$. Ainsi, $\mathcal{E}$ est un sous-espace vectoriel de $\mathcal{F}(\mathbb{R},\mathbb{R})$.

2. • Montrons que $\{h_1, h_2, h_3\}$ est une partie libre. Soient λ_1, λ_2 et λ_3, des nombres réels tels que $\lambda_1 h_1 + \lambda_2 h_2 + \lambda_3 h_3 = 0_{\mathcal{F}(\mathbb{R},\mathbb{R})}$, *i.e.* pour tout $x \in \mathbb{R}$,

$$\lambda_1 h_1(x) + \lambda_2 h_2(x) + \lambda_3 h_3(x) = 0.$$

En particulier, pour $x = 0$, on obtient $\lambda_1 = 0$, puis, pour $x = 1$, on obtient $\lambda_2 = 0$ et enfin, pour $x = 2$, on obtient $\lambda_3 = 0$, ce qui prouve que $\{h_1, h_2, h_3\}$ est une partie libre.

• Montrons que $\{h_1, h_2, h_3\}$ est une partie génératrice de $\mathcal{E}$. Tout d'abord, l'inclusion $\{h_1, h_2, h_3\} \subset \mathcal{E}$ implique

$$Vect(\{h_1, h_2, h_3\}) \subset Vect(\mathcal{E}) = \mathcal{E}.$$

Inversement, si f est un élément de $\mathcal{E}$ caractérisé par les constantes $\alpha_1, \alpha_2, \alpha_3$, montrons que pour tout $x \in \mathbb{R}$:

$$\alpha_1 h_1(x) + \alpha_2 h_2(x) + \alpha_3 h_3(x) = f(x). \qquad (2.40)$$

Pour ce faire, on calcule le premier membre de 2.40 pour x appartenant successivement à chacun des intervalles $]-\infty, 0[$, $[0, 1[$, $[1, 2[$, $[2, 3[$, $[3, +\infty[$ et on constate que l'on obtient bien chaque fois la valeur attendue pour $f(x)$. Par conséquent,

$$f = \alpha_1 h_1 + \alpha_2 h_2 + \alpha_3 h_3,$$

ce qui permet d'affirmer que $f \in Vect(\{h_1, h_2, h_3\})$. Par conséquent, $\mathcal{E} \subset Vect(\{h_1, h_2, h_3\})$ et finalement,

$$\mathcal{E} = Vect(\{h_1, h_2, h_3\})$$

ce qui signifie que $\{h_1, h_2, h_3\})$ est une partie génératrice de $\mathcal{E}$.

Pour conclure, $\{h_1, h_2, h_3\})$ est une base de $\mathcal{E}$ et

$$dim(\mathcal{E}) = 3.$$

3. (a) Si f et g sont des éléments de $\mathcal{E}$, calculons :

$$\phi(f+g) = (f+g)(0) = f(0) + g(0) = \phi(f) + \phi(g),$$

et si $\lambda \in \mathbb{R}$,

$$\phi(\lambda f) = (\lambda f)(0) = \lambda f(0) = \lambda \phi(f).$$

L'application ϕ est donc bien linéaire.

(b) Puisque ϕ n'est pas l'application nulle, $dim[Im(\phi)] \geq 1$. D'autre part, l'inclusion $Im(\phi) \subset \mathbb{R}$ implique $dim[Im(\phi)] \leq 1$. Donc,

$$dim[Im(\phi)] = 1,$$

et le théorème du rang entraîne

$$dim[Ker(\phi)] = dim(\mathcal{E}) - dim[Im(\phi)] = 3 - 1 = 2.$$

Remarquons alors que $\phi(h_2) = h_2(0) = 0$; $\phi(h_3) = h_3(0) = 0$. Les applications h_2 et h_3 sont donc des éléments de $Ker(\phi)$ et $\{h_1, h_2\}$ est une partie libre de cardinal 2 d'un sous-espace vectoriel de dimension 2. C'est donc une base de $Ker(\phi)$.

4. Soit f un élément de $\mathcal{E} \cap \mathcal{C}^0(\mathbb{R}, \mathbb{R})$ caractérisé par les constantes $\alpha_1, \alpha_2, \alpha_3$. Puisque f est continue en 0, elle possède une limite à droite et une limite à gauche en 0 et ces limites sont égales, ce qui entraîne $\alpha_1 = 0$. A l'aide d'un argument analogue, les continuités de f en 1 et en 2 entraînent $\alpha_2 = 0$ et $\alpha_3 = 0$. Par conséquent, f n'est autre que l'application nulle. On a donc $\mathcal{E} \cap \mathcal{C}^0(\mathbb{R}, \mathbb{R}) \subset \{0_{\mathcal{F}(\mathbb{R},\mathbb{R})}\}$. L'inclusion dans l'autre sens étant évidente,

$$\mathcal{E} \cap \mathcal{C}^0(\mathbb{R}, \mathbb{R}) = \{0_{\mathcal{F}(\mathbb{R},\mathbb{R})}\}.$$

Exercice 45 *On note $\mathcal{F}(\mathbb{R}, \mathbb{R})$ le $\mathbb{R}$-espace vectoriel de toutes les applications de $\mathbb{R}$ vers $\mathbb{R}$ et on considère l'application ϕ, de $\mathcal{F}(\mathbb{R}, \mathbb{R})$ vers $\mathbb{R}^2$, définie en posant pour toute $f \in \mathcal{F}(\mathbb{R}, \mathbb{R})$:*

$$\phi(f) = (f(1), f(2)).$$

1. *Montrer que ϕ est linéaire.*
2. *On pose $\mathcal{G} = \{f \in \mathcal{F}(\mathbb{R}, \mathbb{R}); f(1) = f(2) = 0\}$.*
   (a) *Montrer que $\mathcal{G}$ est un sous-espace vectoriel de $\mathcal{F}(\mathbb{R}, \mathbb{R})$.*
   (b) *L'application ϕ est-elle injective ?*
   (c) *L'application ϕ est-elle surjective ?*
3. *On désigne par $\mathcal{A}$ la partie de $\mathcal{F}(\mathbb{R}, \mathbb{R})$ constituée des applications affines de $\mathbb{R}$ vers $\mathbb{R}$.*
   (a) *Montrer que $\mathcal{A}$ est un sous-espace vectoriel de $\mathcal{F}(\mathbb{R}, \mathbb{R})$.*
   (b) *Montrer que $\mathcal{A}$ est de dimension finie et préciser sa dimension.*
   (c) *Pour toute $f \in \mathcal{F}(\mathbb{R}, \mathbb{R})$, on définit l'application a_f, de $\mathbb{R}$ vers $\mathbb{R}$, en posant pour tout $x \in \mathbb{R}$:*

   $$a_f(x) = [f(2) - f(1)](x - 1) + f(1).$$

   Montrer que $f - a_f \in \mathcal{G}$.

(d) *Montrer que*

$$\mathcal{F}(\mathbb{R}, \mathbb{R}) = \mathcal{G} \oplus \mathcal{A}.$$

4. *On considère les applications* u *et* v*, de* $\mathbb{R}$ *vers* $\mathbb{R}$*, définies en posant pour tout* $x \in \mathbb{R}$ *:*

$$u(x) = 2 - x \quad \text{et} \quad v(x) = x - 1.$$

(a) *Montrer que* $\{u, v\}$ *est une base de* $\mathcal{A}$.

(b) *On note* $\overline{\phi}$ *la restriction de* ϕ *au sous-espace vectoriel* $\mathcal{A}$*. Déterminer* $\overline{\phi}(u)$ *et* $\overline{\phi}(v)$*. En déduire que* $\overline{\phi}$ *est un isomorphisme de* $\mathcal{A}$ *sur* $\mathbb{R}^2$.

5. *Pour toute* $h \in \mathcal{A}$*, on définit l'application* w_h*, de* $\mathbb{R}$ *vers* $\mathbb{R}$*, en posant pour tout* $x \in \mathbb{R}$ *:*

$$w_h(x) = h'(x) + h(x+1).$$

(a) *Montrer que l'application* w*, qui à toute application* h *de* $\mathcal{A}$ *associe l'application* w_h*, est un endomorphisme de* $\mathcal{A}$.

(b) *Déterminer* w_u *et* w_v*. En déduire que* w *est un automorphisme.*

Solution –

1. Si f et g sont des éléments de $\mathcal{F}(\mathbb{R}, \mathbb{R})$, calculons :

$$\begin{aligned}\phi(f+g) &= ((f+g)(1), (f+g)(2)) = (f(1)+g(1), f(2)+g(2)) \\ &= (f(1), f(2)) + (g(1), g(2)) = \phi(f) + \phi(g).\end{aligned}$$

Si $\lambda \in \mathbb{R}$, calculons :

$$\begin{aligned}\phi(\lambda f) &= ((\lambda f)(1), (\lambda f)(2)) = (\lambda f(1), \lambda f(2)) \\ &= \lambda((f(1), f(2)) = \lambda \phi(f).\end{aligned}$$

L'application ϕ est donc bien linéaire.

2. (a) Il suffit de remarquer que $\mathcal{G}$ n'est autre que $Ker(\phi)$ pour affirmer que $\mathcal{G}$ est un sous-espace vectoriel de $\mathcal{F}(\mathbb{R}, \mathbb{R})$.

(b) Considérons par exemple l'application g, de $\mathbb{R}$ vers $\mathbb{R}$ définie en posant, pour tout $x \in \mathbb{R}$,

$$g(x) = (x-1)(x-2).$$

Il est clair que $g(1) = g(2) = 0$. L'application g est donc un élément non nul de $Ker(\phi)$. Par suite, (*cf.* Proposition 28), g n'est pas injective.

(c) Soit $(\lambda, \mu) \in \mathbb{R}^2$. Considérons l'application f, de $\mathbb{R}$ vers $\mathbb{R}$ définie en posant, pour tout $x \in \mathbb{R}$,

$$f(x) = (\mu - \lambda)(x - 1) + \lambda.$$

Alors, $\phi(f) = (f(1), f(2)) = (\lambda, \mu)$, ce qui montre que f est un antécédent du couple (λ, μ) par ϕ. L'application ϕ est donc surjective. [4]

3. (a) Nous laissons au lecteur le soin d'écrire que la somme de deux applications affines ainsi que le produit d'une application affine par une constante réelle sont encore des applications affines.

(b) • Soit $h \in \mathcal{A}$. Il existe donc des nombres réels α et β tels que pour tout $x \in \mathbb{R}$, on ait

$$h(x) = \alpha x + \beta. \tag{2.41}$$

Si nous désignons ici par h_1 et h_2 les applications affines définies pour tout $x \in \mathbb{R}$, par

$$h_1(x) = x, \quad \text{et} \quad h_2(x) = 1,$$

la relation 2.41 s'écrit $h(x) = \alpha h_1(x) + \beta h_2(x)$, ce qui signifie que

$$h = \alpha h_1 + \beta h_2,$$

autrement dit, que $h \in Vect(\{h_1, h_2\})$. On a donc prouvé l'inclusion $\mathcal{A} \subset Vect(\{h_1, h_2\})$. D'autre part, $\{h_1, h_2\} \subset \mathcal{A}$ implique $Vect(\{h_1, h_2\}) \subset Vect(\mathcal{A}) = \mathcal{A}$. Par suite,

$$\mathcal{A} = Vect(\{h_1, h_2\}).$$

Ainsi, $\mathcal{A}$ est de dimension finie et $dim(\mathcal{A}) \leq 2$.

• Il est facile de voir que $\{h_1, h_2\}$ est une partie libre. En effet, si λ et μ sont des nombres réels tels que

$$\lambda h_1 + \mu h_2 = 0_{\mathcal{F}(\mathbb{R},\mathbb{R})},$$

ceci veut dire que pour tout $x \in \mathbb{R}$,

$$\lambda h_1(x) + \mu h_2(x) = \lambda x + \mu = 0. \tag{2.42}$$

En faisant $x = 0$ dans 2.42, on obtient $\mu = 0$, puis en faisant $x = 1$, on obtient $\lambda = 0$.

En résumé, la partie $\{h_1, h_2\}$ étant libre et génératrice de $\mathcal{A}$, elle en constitue une base et

$$dim(\mathcal{A}) = 2.$$

4. Plus généralement, le lecteur pourra établir facilement qu'une forme linéaire non nulle sur un K-espace vectoriel quelconque est toujours surjective.

(c) Remarquons que $a_f(1) = f(1)$ et $a_f(2) = f(2)$. Par suite :

$$\begin{aligned}\phi(f - a_f) &= \phi(f) - \phi(a_f) = (f(1), f(2)) - (a_f(1), a_f(2)) \\ &= (f(1) - a_f(1), f(2) - a_f(2)) = (0, 0).\end{aligned}$$

Ceci prouve que $f - a_f \in Ker(\phi) = \mathcal{G}$.

(d) • Montrons que $\mathcal{G} + \mathcal{A} = \mathcal{F}(\mathbb{R}, \mathbb{R})$. Il est clair que l'inclusion $\mathcal{G} + \mathcal{A} \subset \mathcal{F}(\mathbb{R}, \mathbb{R})$ est vérifiée. Inversement, si $f \in \mathcal{F}(\mathbb{R}, \mathbb{R})$, il suffit d'écrire $f = (f - a_f) + a_f$, pour voir que $f \in \mathcal{G} + \mathcal{A}$, puisque $a_f \in \mathcal{A}$ et $f - a_f \in \mathcal{G}$ d'après la question précédente. Par suite, $\mathcal{F}(\mathbb{R}, \mathbb{R}) \subset \mathcal{G} + \mathcal{A}$ et finalement,

$$\mathcal{G} + \mathcal{A} = \mathcal{F}(\mathbb{R}, \mathbb{R}).$$

• Montrons que $\mathcal{G} \cap \mathcal{A} = \{0_{\mathcal{F}(\mathbb{R},\mathbb{R})}\}$. Si $f \in \mathcal{G} \cap \mathcal{A}$, f est une fonction affine qui s'annule en 1 et en 2. C'est donc la fonction nulle, ce qui prouve que $\mathcal{G} \cap \mathcal{A} = \{0_{\mathcal{F}(\mathbb{R},\mathbb{R})}\}$. L'inclusion $\{0_{\mathcal{F}(\mathbb{R},\mathbb{R})}\} \subset \mathcal{G} \cap \mathcal{A}$ étant évidente, nous avons donc

$$\mathcal{G} \cap \mathcal{A} = \{0_{\mathcal{F}(\mathbb{R},\mathbb{R})}\}.$$

Pour conclure,

$$\mathcal{G} \oplus \mathcal{A} = \mathcal{F}(\mathbb{R}, \mathbb{R}).$$

4. (a) Soient λ et μ des nombres réels tels que $\lambda u + \mu v = 0_{\mathcal{F}(\mathbb{R},\mathbb{R})}$. Donc, pour tout $x \in \mathbb{R}$,

$$\lambda u(x) + \mu v(x) = \lambda(2 - x) + \mu(x - 1) = 0. \tag{2.43}$$

En faisant $x = 1$ dans 2.43, on obtient $\lambda = 0$, puis en faisant $x = 2$, on obtient $\mu = 0$. Par suite, la partie $\{u, v\}$ est une partie libre de cardinal 2 d'un sous-espace vectoriel de dimension 2. C'est donc une base de $\mathcal{A}$.

(b) Remarquons que $u(1) = 1, u(2) = 0, v(1) = 0, v(2) = 1$. Par suite :

$$\overline{\phi}(u) = \phi(u) = (u(1), u(2)) = (1, 0),$$

et

$$\overline{\phi}(v) = \phi(v) = (v(1), v(2)) = (0, 1).$$

L'application $\overline{\phi}$ est évidemment linéaire. Montrons qu'elle est bijective. Si $(\lambda, \mu) \in \mathbb{R}^2$, écrivons

$$\begin{aligned}(\lambda, \mu) &= (\lambda, 0) + (0, \mu) = \lambda(1, 0) + \mu(0, 1) \\ &= \lambda\overline{\phi}(u) + \mu\overline{\phi}(v) = \overline{\phi}(\lambda u + \mu v).\end{aligned}$$

Cette écriture montre que la fonction affine $\lambda u + \mu v$ est un antécédent du couple (λ, μ), autrement dit que l'application $\overline{\phi}$ est surjective. Comme $dim(\mathcal{A}) = 2 = dim(\mathbb{R}^2)$, $\overline{\phi}$ est bijective (*cf.* Corollaire 4). Pour conclure, $\overline{\phi}$ est un isomorphisme de $\mathcal{A}$ sur $\mathbb{R}^2$.

5. (a) • Montrons que w_h est une application de $\mathcal{A}$ vers lui-même. Soit $h \in \mathcal{A}$. Il existe donc des nombres réels α et β tels que pour tout $x \in \mathbb{R}$, on ait $h(x) = \alpha x + \beta$. On en déduit $h'(x) = \alpha$. Par suite,

$$w_h(x) = \alpha + \alpha(x+1) + \beta = \alpha x + 2\alpha + \beta,$$

ce qui montre que $w_h \in \mathcal{A}$ et donc que l'application w, qui à toute application h de $\mathcal{A}$ associe l'application w_h, est une application de $\mathcal{A}$ vers lui-même.

• Montrons que w est linéaire. Soient h et k des applications de $\mathcal{A}$. Calculons, pour $x \in \mathbb{R}$:

$$\begin{aligned} w_{h+k}(x) &= (h+k)'(x) + (h+k)(x+1) \\ &= h'(x) + k'(x) + h(x+1) + k(x+1) \\ &= w_h(x) + w_k(x) = (w_h + w_k)(x), \end{aligned}$$

ce qui prouve que $w_{h+k} = w_h + w_k$. De plus, si $\lambda \in \mathbb{R}$:

$$\begin{aligned} w_{\lambda h}(x) &= (\lambda h)'(x) + (\lambda h)(x+1) = \lambda h'(x) + \lambda h(x+1) \\ &= \lambda[h'(x) + h(x+1)] = \lambda w_h(x) = (\lambda w_h)(x), \end{aligned}$$

ce qui prouve que $w_{\lambda h} = \lambda w_h$. L'application w est donc bien linéaire. C'est donc un endomorphisme de $\mathcal{A}$.

(b) • Pour $x \in \mathbb{R}$, on a : $u'(x) = -1$ et $v'(x) = 1$. Par suite :

$$w_u(x) = u'(x) + u(x+1) = -1 + 2 - (x+1) = -x,$$

et

$$w_v(x) = v'(x) + v(x+1) = 1 + (x+1) - 1 = x + 1.$$

• Montrons que w est surjective. Soit $h \in \mathcal{A}$. Il existe donc des nombres réels α et β tels que pour tout $x \in \mathbb{R}$, on ait

$$h(x) = \alpha x + \beta. \tag{2.44}$$

Compte tenu des calculs ci-dessus, on a pour tout $x \in \mathbb{R}$:

$$(w_u + w_v)(x) = w_u(x) + w_v(x) = -x + x + 1 = 1.$$

Ecrivons alors judicieusement, pour tout $x \in \mathbb{R}$:

$$\begin{aligned} h(x) &= (-\alpha)(-x) + \beta.1 = -\alpha w_u(x) + \beta(w_u + w_v)(x) \\ &= [-\alpha w_u + \beta(w_u + w_v)](x) = [(\beta - \alpha)w_u + \beta w_v](x), \end{aligned}$$

ce qui implique, puisque w est linéaire,

$$h = (\beta - \alpha)w_u + \beta w_v = w_{(\beta-\alpha)u+\beta v}.$$

Ceci montre que h possède $(\beta - \alpha)u + \beta v$ comme antécédent par w, et donc que w est un endomorphisme surjectif.

Le Corollaire 4 permet alors d'en déduire que w est un automorphisme de $\mathcal{A}$.

Exercice 46 *Pour $n \in \mathbb{N}$, on note $\mathbb{R}_n[X]$ l'algèbre sur $\mathbb{R}$ des polynômes à coefficients réels, de degré inférieur ou égal à n, et soit f l'application de $\mathbb{R}_n[X]$ vers $\mathbb{R}^{n+1}$, définie en posant pour tout $P(X) \in \mathbb{R}_n[X]$:*

$$f[P(X)] = \big(P(0), P(1), ..., P(n)\big).$$

Montrer que f est un isomorphisme de $\mathbb{R}_n[X]$ sur $\mathbb{R}^{n+1}$.

Solution –

- Le lecteur vérifiera très facilement que f est linéaire.
- Montrons que f est injective. Soit $P(X) \in Ker(f)$. On a donc

  $$f[P(X)] = 0_{\mathbb{R}^{n+1}}, \quad \text{soit} \quad \big(P(0), P(1), ..., P(n)\big) = \big(0, 0, ..., 0\big),$$

  d'où l'on déduit : $P(0) = P(1) = ... = P(n) = 0$. Le polynôme $P(X)$ est un polynôme de degré inférieur ou égal à n qui possède $n+1$ zéros. C'est donc le polynôme nul. Par suite, $Ker(f) \subset \{0_{\mathbb{R}_n[X]}\}$. L'inclusion $\{0_{\mathbb{R}_n[X]}\} \subset Ker(f)$ étant évidente, on a donc

  $$Ker(f) = \{0_{\mathbb{R}_n[X]}\}.$$

  Il en résulte que f est injective (*cf.* Proposition 28).
- Pour montrer que f est bijective, il suffit de remarquer que

  $$dim(\mathbb{R}_n[X]) = n + 1 = dim(\mathbb{R}^{n+1}),$$

  et d'appliquer le Corollaire 4.

En définitive, f est un isomorphisme de $\mathbb{R}_n[X]$ sur $\mathbb{R}^{n+1}$.

Exercice 47 *Soit E un espace vectoriel sur K, de dimension finie n, et soient u et v des endomorphismes de E tels que :*

$$u + v = u \circ v.$$

Montrer que

$$u \circ v = v \circ u.$$

Solution – L'hypothèse $u+v=u\circ v$ peut s'écrire

$$u=u\circ v-v \quad \text{soit} \quad u=(u-Id_E)\circ v. \tag{2.45}$$

Nous en déduisons

$$u-Id_E=(u-Id_E)\circ v-Id_E \quad \text{soit} \quad u-Id_E-(u-Id_E)\circ v=-Id_E. \tag{2.46}$$

ou encore

$$(u-Id_E)\circ(Id_E-v)=-Id_E \quad \text{et enfin} \quad (u-Id_E)\circ(v-Id_E)=Id_E. \tag{2.47}$$

La relation 2.47 signifie que l'application $u-Id_E$ possède un inverse à droite pour la loi $\circ$ (encore appelé *section*), et un résultat classique de théorie des ensembles implique qu'une telle application est surjective. Comme $u-Id_E$ est un élément de $\mathcal{L}(E)$, le Corollaire 4 affirme que $u-Id_E$ est bijective et la relation 2.47 montre que la bijection réciproque de $u-Id_E$ n'est autre que $v-Id_E$.Par conséquent, nous avons aussi

$$(v-Id_E)\circ(u-Id_E)=Id_E, \tag{2.48}$$

soit encore

$$v\circ u-u-v+Id_E=Id_E,$$

d'où l'on déduit

$$v\circ u=u+v.$$

Finalement, compte tenu de l'hypothèse initiale, on a bien $u\circ v=v\circ u$.

Exercice 48 *Soit E un espace vectoriel sur K, de dimension finie n, et soient f et g des endomorphismes de E tels que :*

$$E=Ker(f)+Ker(g)=Im(f)+Im(g).$$

Montrer que :

$$E=Ker(f)\oplus Ker(g)=Im(f)\oplus Im(g).$$

Solution – Le théorème du rang (*cf.* Théorème 4) nous permet d'écrire

$$n=dim[Ker(f)]+dim[Im(f)] \tag{2.49}$$

et

$$n=dim[Ker(g)]+dim[Im(g)]. \tag{2.50}$$

En ajoutant membre à membre 2.49 et 2.50, il vient :

$$2n=dim[Ker(f)]+dim[Im(f)]+dim[Ker(g)]+dim[Im(g)]. \tag{2.51}$$

D'autre part, l'hypothèse $E = Ker(f) + Ker(g)$ implique

$$n = dim[Ker(f) + Ker(g)],$$

soit en utilisant la formule de GRASSMANN (*cf.* Proposition 20),

$$n = dim[Ker(f)] + dim[Ker(g)] - dim[Ker(f) \cap Ker(g). \tag{2.52}$$

De même, l'hypothèse $E = Im(f) + Im(g)$ implique

$$n = dim[Im(f)] + dim[Im(g)] - dim[Im(f) \cap Im(g). \tag{2.53}$$

En ajoutant membre à membre 2.51 et 2.52, on obtient :

$$\begin{aligned} 2n = dim[Ker(f)] + dim[Ker(g)] - dim[Ker(f) \cap Ker(g)] \\ + dim[Im(f)] + dim[Im(g)] - dim[Im(f) \cap Im(g)]. \end{aligned}$$

Nous en déduisons, compte tenu de 2.51,

$$dim[Ker(f) \cap Ker(g)] + dim[Im(f) \cap Im(g)] = 0. \tag{2.54}$$

La dimension d'un sous-espace vectoriel étant un entier positif ou nul,

$$dim[Ker(f) \cap Ker(g)] = dim[Im(f) \cap Im(g)] = 0.$$

Par conséquent,

$$Ker(f) \cap Ker(g) = \{0_E\} \text{ et } Im(f) \cap Im(g) = \{0_E\}.$$

Nous pouvons donc conclure à

$$E = Ker(f) \oplus Ker(g) \quad \text{et} \quad E = Im(f) \oplus Im(g).$$

Exercice 49 *Soit E un espace vectoriel sur K, de dimension finie n, et soit f un endomorphisme de E.*

1. *Etablir l'équivalence des assertions suivantes :*
   - *(a)* $Ker(f) = Im(f)$;
   - *(b)* $f \circ f = 0_{\mathcal{L}(E)}$ *et* $n = 2rg(f)$.
2. *Montrer que si un endomorphisme f de E vérifie 1a, il existe un endomorphisme g de E tel que*

$$f \circ g + g \circ f = Id_E.$$

3. *Donner un exemple d'un endomorphisme vérifiant la condition 1a.*

Solution –

1. • Montrons que 1a implique 1b. Soit f un endomorphisme de E tel que $Ker(f) = Im(f)$. Si $x \in E$, alors, $f(x) \in Im(f)$ et compte tenu de l'hypothèse, $f(x) \in Ker(f)$. Par suite, $f[f(x)] = 0_E$, soit $(f \circ f)(x) = 0_E$. D'où $f \circ f = 0_{\mathcal{L}(E)}$.
   D'autre part, le théorème du rang (*cf.* Théorème 4) nous permet d'écrire
   $$n = dim[Ker(f)] + dim[Im(f)], \qquad (2.55)$$
   soit, puisque $Ker(f) = Im(f)$:
   $$n = 2dim[Im(f)] = 2rg(f). \qquad (2.56)$$
   • Montrons que 1b implique 1a. Soit f un endomorphisme de E tel que $f \circ f = 0_{\mathcal{L}(E)}$ et $n = 2rg(f)$. Soit $y \in Im(f)$. Il existe alors $x \in E$ tel que $y = f(x)$, d'où l'on déduit, compte tenu de l'hypothèse $f \circ f = 0_{\mathcal{L}(E)}$:
   $$f(y) = f[f(x)] = (f \circ f)(x) = 0_E.$$
   Par conséquent, $y \in Ker(f)$, ce qui prouve que
   $$Im(f) \subset Ker(f). \qquad (2.57)$$
   D'autre part, compte tenu de $n = 2rg(f)$, le théorème du rang s'écrit :
   $$2rg(f) = dim[Ker(f)] + rg(f).$$
   On en déduit :
   $$rg(f) = dim[Ker(f)], \text{ soit } dim[Im(f)] = dim[Ker(f). \qquad (2.58)$$
   L'inclusion 2.57 et l'égalité 2.58 nous permettent de conclure à
   $$Ker(f) = Im(f).$$

2. Soit f un endomorphisme de E tel que $Ker(f) = Im(f)$. Notons r le rang de f et soit $\{b_1, b_2, ..., b_r\}$ une base de $Im(f)$. Pour tout indice $i \in \{1, 2, ..., r\}$, il existe alors $a_i \in E$ tel que $b_i = f(a_i)$.
   • Faisons un choix des $a_1, a_2, ..., a_r$ et montrons que $\{a_1, a_2, ..., a_r\}$ est une partie libre. Soient $\lambda_1, \lambda_2, ..., \lambda_r$, des éléments de K tels que
   $$\lambda_1 a_1 + \lambda_2 a_2 + ... + \lambda_r a_r = 0_E.$$
   Nous en déduisons, compte tenu de la linéarité de f :
   $$\lambda_1 f(a_1) + \lambda_2 f(a_2) + ... + \lambda_r f(a_r) = f(0_E) = 0_E,$$
   soit
   $$\lambda_1 b_1 + \lambda_2 b_2 + ... + \lambda_r b_r = 0_E.$$
   Or, $\{b_1, b_2, ..., b_r\}$ est une base, donc une partie libre, et par conséquent $\lambda_1 = \lambda_2 = ... = \lambda_r = 0$, d'où le résultat annoncé.

- Montrons ensuite que $\{a_1, a_2, ..., a_r, b_1, b_2, ..., b_r\}$ est une base de E. Soient $\lambda_1, \lambda_2, ..., \lambda_r, \mu_1, \mu_2, ..., \mu_r$, des éléments de K tels que

$$\lambda_1 a_1 + \lambda_2 a_2 + ... + \lambda_r a_r + \mu_1 b_1 + \mu_2 b_2 + ... + \mu_r b_r = 0_E. \quad (2.59)$$

Nous en déduisons, comme précédemment :

$$\lambda_1 f(a_1) + \lambda_2 f(a_2) + ... + \lambda_r f(a_r) + \mu_1 f(b_1) + \mu_2 f(b_2) + ... + \mu_r f(b_r) = 0_E,$$

soit

$$\lambda_1 b_1 + \lambda_2 b_2 + ... + \lambda_r b_r + \mu_1 f(b_1) + \mu_2 f(b_2) + ... + \mu_r f(b_r) = 0_E.$$

Or, par hypothèse, $Ker(f) = Im(f)$, donc $b_1, b_2, ..., b_r \in Ker(f)$ et par suite

$$f(b_1) = f(b_2) = ... = f(b_r) = 0_E.$$

L'égalité ci-dessus se réduit donc à :

$$\lambda_1 b_1 + \lambda_2 b_2 + ... + \lambda_r b_r = 0_E,$$

et puisque $\{b_1, b_2, ..., b_r\}$ est une base, donc une partie libre, nous en déduisons

$$\lambda_1 = \lambda_2 = ... = \lambda_r = 0.$$

L'égalité 2.59 s'écrit maintenant :

$$\mu_1 b_1 + \mu_2 b_2 + ... + \mu_r b_r = 0_E.$$

Par suite, $\{b_1, b_2, ..., b_r\}$ étant une partie libre,

$$\mu_1 = \mu_2 = ... = \mu_r = 0,$$

ce qui prouve que $\{a_1, a_2, ..., a_r, b_1, b_2, ..., b_r\}$ est libre. Le nombre d'éléments de $\{a_1, a_2, ..., a_r, b_1, b_2, ..., b_r\}$ étant par hypothèse égal à $r + r = 2r = n$, il en résulte que $\{a_1, a_2, ..., a_r, b_1, b_2, ..., b_r\}$ est une base de E.

Nous savons d'autre part que pour définir une application linéaire, il suffit de définir les images des vecteurs d'une base. Désignons alors par g l'application linéaire de E vers E, définie en posant :

$$g(a_1) = g(a_2) = ... = g(a_r) = 0_E \; ; \; g(b_1) = a_1, g(b_2) = a_2, ..., g(b_r) = a_r.$$

Le lecteur prouvera alors sans peine, en utilisant la linéarité de f et de g, que l'application g ainsi construite vérifie bien la relation

$$f \circ g + g \circ f = Id_E.$$

3. Compte tenu de ce qui précède, un exemple d'endomorphisme vérifiant la condition 1a est nécessairement un endomorphisme d'un espace vectoriel dont la dimension est paire. Considérons tout simplement l'application f de $\mathbb{R}^2$ vers lui-même définie en posant, pour $(x, y) \in \mathbb{R}^2$:
$$f[(x, y)] = (y, 0).$$
Il est immédiat de vérifier que c'est un endomorphisme de $\mathbb{R}^2$, dont le noyau et l'image, sont tous deux égaux à $\mathbb{R} \times \{0_{\mathbb{R}^2}\}$.

Exercice 50 *Soit E un espace vectoriel sur K, et soient f et g des endomorphismes de E tels que*
$$f \circ g - g \circ f = Id_E. \tag{2.60}$$
On pose $g^0 = Id_E$ et pour tout entier $k \in \mathbb{N}^*$,
$$g^k = \underbrace{g \circ g \circ ... \circ g}_{k \text{ fois}}.$$

1. *Soit $k \in \mathbb{N}^*$. Montrer que*
$$f \circ g^k - g^k \circ f = kg^{k-1}. \tag{2.61}$$
2. *Pour tout polynôme $P(X) = a_n X^n + ... + a_1 X + a_0$ de $K[X]$, on pose*
$$P(g) = a_n g^n + ... + a_1 g + a_0 Id_E.$$
   (a) *Montrer que l'application u, de $K[X]$ vers $\mathcal{L}(E)$, qui à tout polynôme $P(X) \in K[X]$ associe l'endomorphisme*
$$u_P = f \circ P(g) - P(g) \circ f,$$
   est linéaire.

   (b) *En déduire que pour tout polynôme $P(X) \in K[X]$, on a*
$$u_P = P'(g)$$
   où $P'(X)$ désigne le polynôme dérivé de $P(X)$.
3. *On suppose maintenant que E est un espace vectoriel sur $\mathbb{R}$, de dimension finie n, $n \geq 1$.*
   (a) *Montrer que la famille $(id_E, g, g^2, ..., g^{n^2})$ est liée.*

   (b) *En déduire qu'il existe un polynôme $A(X) \in \mathbb{R}[X]$, non nul, tel que $A(g) = 0_{\mathcal{L}(E)}$.*

   (c) *En utilisant les résultats ci-dessus, montrer que si E est de dimension finie n, $n \geq 1$, il n'existe pas de couple (f, g) d'endomorphismes de E vérifiant la relation 2.60.*

Solution –

1. Raisonnons par récurrence sur $k \in \mathbb{N}^*$.
   – Pour $k = 1$, la relation 2.61 s'écrit $f \circ g^1 - g^1 \circ f = 1g^0$, ce qui est acquis puisqu'il s'agit de l'hypothèse 2.60.
   – Supposons (hypothèse de récurrence) que $f \circ g^k - g^k \circ f = kg^{k-1}$, et calculons :

$$\begin{aligned} f \circ g^{k+1} - g^{k+1} \circ f &= f \circ g^k \circ g - g^k \circ g \circ f \\ &= f \circ g^k \circ g - g^k \circ f \circ g + g^k \circ f \circ g - g^k \circ g \circ f \\ &= (f \circ g^k - g^k \circ f) \circ g + g^k \circ (f \circ g - g \circ f). \end{aligned}$$

   A l'aide de l'hypothèse de récurrence et de l'hypothèse 2.60, on obtient

$$\begin{aligned} f \circ g^{k+1} - g^{k+1} \circ f &= (kg^{k-1}) \circ g + g^k \circ Id_E \\ &= kg^k + g^k = (k+1)g^k, \end{aligned}$$

   ce qui achève notre récurrence et montre que pour tout $k \in \mathbb{N}^*$, la relation 2.61 est vérifiée.

2. Soient $P(X)$ et $Q(X)$ des polynômes de $K[X]$. Calculons :

$$\begin{aligned} u_{P+Q} &= f \circ (P+Q)(g) - (P+Q)(g) \circ f \\ &= f \circ [P(g) + Q(g)] - [P(g) + Q(g)] \circ f \\ &= f \circ P(g) + f \circ Q(g) - P(g) \circ f - Q(g) \circ f = u_P + u_Q. \end{aligned}$$

   De plus, si $\lambda \in K$,

$$\begin{aligned} u_{\lambda P} &= f \circ (\lambda P)(g) - (\lambda P)(g) \circ f \\ &= f \circ [\lambda P(g)] - [\lambda P(g)] \circ f \\ &= \lambda f \circ P(g) - \lambda P(g) \circ f = \lambda u_P, \end{aligned}$$

   ce qui montre que u est une application linéaire.

3. Soit $P(X) = a_n X^n + ... + a_1 X + a_0$ un polynôme de $K[X]$. Calculons, en utilisant la linéarité de u :

$$u_P = a_n u_{X^n} + ... + a_1 u_X + a_0 u_1.$$

   Or, pour $k \in \mathbb{N}$, $u_{X^k} = f \circ g^k - g^k \circ f = kg^{k-1}$. Par suite,

$$u_P = a_n n g^{n-1} + ... + a_1 Id_E = P'(g).$$

4. (a) S'il existe un couple (i, j) d'entiers, tel que $0 \leq i < j \leq n^2$, vérifiant $g^i(x) = g^j(x)$, il est clair que cette famille est liée. Si, au contraire, les endomorphismes g^i $(0 \leq i < j \leq n^2)$ sont deux à deux distincts, l'ensemble $\{Id_E, g, g^2, ..., g^{n^2}\}$ possède exactement n^2+1 éléments, et la famille $(Id_E, g, g^2, ..., g^{n^2})$ est également une famille liée d'éléments de $\mathcal{L}(E)$ puisque la dimension de $\mathcal{L}(E)$ est n^2.

(b) Par suite, il existe des scalaires $\alpha_0, \alpha_1, ..., \alpha_{n^2}$, non tous nuls, tels que

$$\alpha_0 Id_E + \alpha_1 g + \alpha_2 g^2 + ... + \alpha_{n^2} g^{n^2} = 0_{\mathcal{L}(E)}. \tag{2.62}$$

En introduisant le polynôme

$$A(X) = \alpha_0 + \alpha_1 X + \alpha_2 X^2 + ... + \alpha_{n^2} X^{n^2},$$

qui est donc non nul, l'égalité ci-dessus s'écrit $A(g) = 0_{\mathcal{L}(E)}$, ce qui termine notre démonstration.

(c) Soit $M(X)$ un polynôme non nul vérifiant $M(g) = 0_{\mathcal{L}(E)}$, de degré minimum. Notons p son degré. On a alors $p \geq 1$, car si $p = 0$, $M(X)$ est un polynôme constant, et la relation $M(g) = 0_{\mathcal{L}(E)}$ s'écrit $\alpha Id_E = 0_{\mathcal{L}(E)}$, ce qui est impossible puisque $M(X)$ n'étant pas le polynôme nul, nécessairement $\alpha \neq 0$. Compte tenu de la question 2b, nous avons alors $u_M = M'(g)$. Or,

$$u_M = f \circ M(g) - M(g) \circ f = f \circ 0_{\mathcal{L}(E)} - 0_{\mathcal{L}(E)} \circ f = 0_{\mathcal{L}(E)}.$$

Par suite, on a aussi $M'(g) = 0_{\mathcal{L}(E)}$. Mais alors, le degré de $M'(X)$ étant $p-1 \geq 0$, $M'(X)$ n'est pas le polynôme nul et nous sommes alors en contradiction avec la définition de p. L'hypothèse selon laquelle il existe un couple (f, g) d'endomorphismes de E vérifiant la relation 2.60 doit donc être abandonnée, ce qui prouve bien l'inexistence d'un tel couple.

Nous ne cacherons cependant pas au lecteur que ce résultat peut être obtenu très rapidement pour qui connaît les propriétés élémentaires de la trace d'un endomorphisme. En effet, dans la relation 2.60, la trace du membre de gauche est nulle et celle de celui de droite est n. Or, par hypothèse, $n \geq 1$...

Exercice 51 *Soient E et F des espaces vectoriels sur K, de dimension finie. Soient H un sous-espace vectoriel de E et K un sous-espace vectoriel de F. A quelle condition nécessaire et suffisante portant sur les dimensions de H et K existe-t-il une application linéaire f de E vers F telle que :*

$$Ker(f) = H \text{ et } Im(f) = K? \tag{2.63}$$

Solution – Nous allons montrer qu'il existe une application linéaire f de E vers F vérifiant les conditions 2.63 si et seulement si

$$dim(H) + dim(K) = dim(E). \tag{2.64}$$

- Supposons qu'il existe une application linéaire f de E vers F telle que :

  $$Ker(f) = H \quad \text{et} \quad Im(f) = K.$$

  La formule de GRASSMANN

  $$dim[Ker(f)] + dim[Im(f)] = dim(E),$$

  s'écrit donc

  $$dim(H) + dim(K) = dim(E).$$

- Réciproquement, soient H un sous-espace vectoriel de E et K un sous-espace vectoriel de F. Montrons que la relation 2.64 est suffisante pour qu'il existe une application linéaire f de E vers F vérifiant les conditions 2.63. Soient

  $$r = dim(H), s = dim(K) \text{ et } n = dim(E).$$

  Supposons que $r + s = n$. Soit $\{e_1, e_2, ..., e_r\}$ une base de H. Le théorème de la base incomplète (*cf.* Théorème 1) affirme qu'il existe $n - r$ vecteurs que l'on notera $e_{r+1}, ..., e_n$, tels que $\{e_1, e_2, ..., e_r, e_{r+1}, ..., e_n\}$ constitue une base de E. D'autre part, soit $\{f_1, f_2, ..., f_s\}$ une base de K. Par hypothèse, $s = n - r$. Une application linéaire étant parfaitement définie par la donnée des images des vecteurs d'une base, considérons l'application linéaire f de E vers F définie par

  $$f(e_1) = f(e_2) = ... = f(e_r) = 0_F \ ; \ f(e_{r+1}) = f_1, ..., f(e_n) = f_s,$$

  et montrons qu'elle répond à la question.

  – Montrons que

  $$H = Ker(f).$$

  – Commençons pour cela par montrer que

  $$H \subset Ker(f).$$

  Si $x \in H$, il existe des scalaires $\lambda_1, \lambda_2, ..., \lambda_r$, tels que

  $$x = \lambda_1 e_1 + \lambda_2 e_2 + ... + \lambda_r e_r,$$

  d'où, f étant linéaire,

  $$f(x) = \lambda_1 f(e_1) + \lambda_2 f(e_2) + ... + \lambda_r f(e_r).$$

  Alors, par construction de f, $f(x) = 0_F$. Par suite, $x \in Ker(f)$, d'où

  $$H \subset Ker(f).$$

– Réciproquement, montrons que

$$Ker(f) \subset H.$$

Si $x \in Ker(f)$, on a $f(x) = 0_F$. Or, x s'écrit par exemple sur la base $\{e_1, e_2, ..., e_r, e_{r+1}, ..., e_n\}$ de E :

$$x = \alpha_1 e_1 + \alpha_2 e_2 + ... + \alpha_r e_r + \alpha_{r+1} e_{r+1} + ... + \alpha_n e_n.$$

d'où, compte tenu de la définition de f,

$$\begin{aligned} f(x) &= \alpha_1 f(e_1) + \alpha_2 f(e_2) + ... + \alpha_r f(e_r) \\ &\quad + \alpha_{r+1} f(e_{r+1}) + ... + \alpha_n f(e_n) \\ &= \alpha_{r+1} f(e_{r+1}) + ... + \alpha_n f(e_n) = \alpha_{r+1} f_1 + ... + \alpha_n f_n. \end{aligned}$$

La partie $\{f_1, f_2, ..., f_s\}$ étant libre, on a $\alpha_{r+1} = ... = \alpha_n = 0$ et finalement $x = \lambda_1 e_1 + \lambda_2 e_2 + ... + \lambda_r e_r$, ce qui prouve que $x \in H$ et que

$$Ker(f) \subset H.$$

On a donc bien

$$H = Ker(f).$$

– Montrons que

$$K = Im(f).$$

– Commençons pour cela par montrer que

$$K \subset Im(f).$$

Si $y \in K$, il existe des scalaires $\mu_1, \mu_2, ...\mu_s$, tels que

$$y = \mu_1 f_1 + \mu_2 e_2 + ... + \mu_s f_s,$$

soit,

$$\begin{aligned} y &= \mu_1 f(e_{r+1}) + \mu_2 f(e_{r+2}) + ... + \mu_s f(e_n) \\ &= f(\mu_1 e_{r+1} + \mu_2 e_{r+2} + ... + \mu_s e_n), \end{aligned}$$

ce qui prouve que $y \in Im(f)$ et donc que

$$K \subset Im(f).$$

– Réciproquement, montrons que

$$Im(f) \subset K.$$

Si $y \in Im(f)$,il existe $x \in E$ tel que $y = f(x)$. Sur la base $\{e_1, e_2, ..., e_r, e_{r+1}, ..., e_n\}$ de E, x s'écrit par exemple :

$$x = \alpha_1 e_1 + \alpha_2 e_2 + ... + \alpha_r e_r + \alpha_{r+1} e_{r+1} + ... + \alpha_n e_n,$$

d'où, comme précédemment

$$\begin{aligned} f(x) &= \alpha_1 f(e_1) + \alpha_2 f(e_2) + ... + \alpha_r f(e_r) \\ &\quad + \alpha_{r+1} f(e_{r+1}) + ... + \alpha_n f(e_n) \\ &= \alpha_{r+1} f(e_{r+1}) + ... + \alpha_n f(e_n) \\ &= \alpha_{r+1} f_1 + ... + \alpha_n f_n, \end{aligned}$$

soit $y = \alpha_{r+1} f_1 + ... + \alpha_n f_n$, ce qui montre que $y \in K$ et donc que

$$Im(f) \subset K.$$

Finalement,

$$K = Im(f).$$

Pour conclure, nous pouvons dire que pour qu'il existe une application linéaire f de E vers F vérifiant $Ker(f) = H$ et $Im(f) = K$, il faut et il suffit que $dim(H) + dim(K) = dim(E)$.

Exercice 52 *Soient E et F des espaces vectoriels sur K, de dimension finie. Soient f et g des applications linéaires de E vers F.*

1.

$$|rg(f) - rg(g)| \leq rg(f+g) \leq rg(f) + rg(g).$$

2. On suppose de plus que $dim(E) = dim(F) = n$, que $f+g$ est bijective et que $f \circ g = 0_{\mathcal{L}(E)}$. Montrer que

$$rg(f) + rg(g) = n.$$

Solution –

1. • Montrons d'abord que $rg(f+g) \leq rg(f) + rg(g)$. Si $f, g \in \mathcal{L}(E, F)$, il est facile de voir que $Im(f+g) \subset Im(f) + Im(g)$. En effet, soit $y \in Im(f+g)$. Il existe alors $x \in E$ tel que

$$y = (f+g)(x) = f(x) + g(x).$$

Or, $f(x) \in Im(f)$ et $g(x) \in Im(g)$. Donc $y \in Im(f) + Im(g)$, d'où l'inclusion annoncée. Il en résulte (*cf.* Proposition 20) que :

$$dim[Im(f+g)] \leq dim[Im(f) + Im(g)] \leq dim[Im(f)] + dim[Im(g)],$$

$$\text{d'où } \; rg(f+g) \leq rg(f) + rg(g). \qquad (2.65)$$

• Montrons ensuite que $|rg(f) - rg(g)| \leq rg(f+g)$. Ecrivons l'inégalité 2.65 pour les applications $f+g$ et $-g$. Il vient :

$$rg(f+g-g) \leq rg(f+g) + rg(-g). \qquad (2.66)$$

Remarquons alors que $Im(g) = Im(-g)$. En effet, puisque g est linéaire, tout élément $g(x) \in Im(g)$ peut s'écrire $-g(-x)$ et donc est un élément de $Im(-g)$ Inversement, tout élément $-g(x) \in Im(-g)$ peut s'écrire $g(-x)$ et donc est élément de $Im(g)$. Par suite, $rg(g) = rg(-g)$. L'inégalité 2.66 s'écrit donc

$$rg(f) \leq rg(f+g) + rg(g) \text{ soit } rg(f) - rg(g) \leq rg(f+g). \quad (2.67)$$

En intervertissant les rôles de f et de g, on obtient de même

$$rg(g) - rg(f) \leq rg(g+f) \text{ soit } rg(g) - rg(f) \leq rg(f+g). \quad (2.68)$$

Les inégalités 2.67 et 2.68 impliquent bien sûr

$$|rg(f) - rg(g)| \leq rg(f+g),$$

ce qui termine notre démonstration.

2. Si $f+g$ est bijective, on a $rg(f+g) = n$, et d'après la première question

$$n \leq rg(f) + rg(g). \quad (2.69)$$

D'autre part, l'hypothèse $f \circ g = 0_{\mathcal{L}(E,F)}$ implique $Im(g) \subset Ker(f)$, car si $g(x) \in Im(g)$, on a évidemment $f[g(x)] = (f \circ g)(x) = 0_F$. Nous en déduisons que $rg(g) \leq dim[Ker(f)]$. Or, d'après la formule de GRASSMANN, $dim[Ker(f)] = n - rg(f)$, et par conséquent,

$$rg(g) \leq n - rg(f) \text{ soit } rg(f) + rg(g) \leq n. \quad (2.70)$$

Finalement, nous avons bien obtenu

$$rg(f) + rg(g) = n.$$

Exercice 53 *Soit E un espace vectoriel sur K, de dimension finie n, et soit f un endomorphisme de E. Etablir l'équivalence des assertions suivantes :*

1. $Im(f) = Im(f \circ f)$.
2. $E = Ker(f) \oplus Im(f)$.

Solution –

1. Montrons que 1 implique 2. Soit f un endomorphisme de E tel que $Im(f) = Im(f \circ f)$.

- Montrons que
$$E = Ker(f) + Im(f).$$
L'inclusion $Ker(f) + Im(f) \subset E$ étant évidente, il nous suffit de prouver que $E \subset Ker(f)+Im(f)$. Si $x \in E$, alors, $f(x) \in Im(f)$, et en tenant compte de l'hypothèse, $f(x) \in Im(f \circ f)$. Donc, il existe $t \in E$ tel que $f(x) = f[f(t)]$, ce qui s'écrit encore, puisque f est linéaire
$$f([x - f(t)] = 0_E.$$
Ceci signifie que $x - f(t) \in Ker(f)$. Il suffit alors d'écrire x sous la forme
$$x = [x - f(t)] + f(t)$$
pour en déduire que $x \in Ker(f) + Im(f)$, d'où l'inclusion cherchée. Donc,
$$E = Ker(f) + Im(f).$$
- Montrons que
$$Ker(f) \cap Im(f) = \{0_E\}.$$
Puisque $E = Ker(f) + Im(f)$, on a
$$n = dim[Ker(f) + Im(f)],$$
et la formule de GRASSMANN nous permet d'écrire
$$n = dim[Ker(f)] + dim[Im(f)] - dim[Ker(f) \cap Im(f)].$$
D'autre part, le théorème du rang affirme que
$$dim[Ker(f)] + dim[Im(f)] = n.$$
Par suite, $n = n - dim[Ker(f) \cap Im(f)]$, soit
$$dim[Ker(f) \cap Im(f)] = 0.$$
Nous en déduisons bien sûr
$$Ker(f) \cap Im(f) = \{0_E\}.$$
Finalement,
$$E = Ker(f) \oplus Im(f).$$

2. Montrons que 2 implique 1. Supposons que
$$E = Ker(f) \oplus Im(f).$$
Comme de toute évidence, l'inclusion $Im(f \circ f) \subset Im(f)$ est avérée, il nous suffit d'établir que
$$Im(f) \subset Im(f \circ f).$$

Si $y \in Im(f)$, il existe $x \in E$ tel que $y = f(x)$. Compte tenu de l'hypothèse, il existe $u \in Ker(f)$ et $v \in Im(f)$ tels que $x = u + v$. Nous en déduisons

$$y = f(x) = f(u) + f(v) = 0_E + f(v) = f(v).$$

Or, $v \in Im(f)$, donc il existe $t \in E$ tel que $v = f(t)$, d'où

$$y = f(v) = f[f(t)] = (f \circ f)(t),$$

ce qui prouve que $y \in Im(f \circ f)$ et donc que

$$Im(f) \subset Im(f \circ f).$$

Finalement,

$$Im(f) = Im(f \circ f).$$

Exercice 54 *Soit E un espace vectoriel sur K et soit f un endomorphisme de E tel que $rg(f) = 1$.*

1. *Montrer qu'il existe $\lambda \in K$, unique, tel que $f \circ f = \lambda f$.*
2. *On suppose de plus que E est de dimension finie n. Montrer que si $\lambda \neq 1$, $f - Id_E$ est un automorphisme.*

Solution –

1. Dire que $rg(f) = 1$ signifie que $dim[Im(f)] = 1$. Il existe donc $x_0 \in E$, $x_0 \neq 0_E$, tel que $\{x_0\}$ soit une base de $Im(f)$. Pour tout $x \in E$, $f(x) \in Im(f)$. Donc il existe $\mu_x \in K$, tel que l'on ait $f(x) = \mu_x x_0$. Puisque f est linéaire, nous en déduisons que

$$f[f(x)] = \mu_x f(x_0), \quad \text{soit} \quad (f \circ f)(x) = \mu_x f(x_0).$$

Or, $f(x_0) \in Im(f)$. Donc il existe $\lambda \in K$ tel que l'on ait $f(x_0) = \lambda x_0$. Par suite,

$$(f \circ f)(x) = \mu_x \lambda x_0 = \lambda \mu_x x_0 = \lambda f(x).$$

Il existe donc $\lambda \in K$ tel que

$$f \circ f = \lambda f.$$

Pour montrer l'unicité d'un tel λ, supposons qu'il existe également $\lambda' \in K$ tel que $f \circ f = \lambda' f$. On a donc

$$\lambda f = \lambda' f \quad \text{soit} \quad (\lambda - \lambda')f = 0_{\mathcal{L}(E)}.$$

Puisque $rg(f) = 1$, f n'est pas l'application nulle. Donc, $\lambda - \lambda' = 0$, soit $\lambda = \lambda'$, d'où l'unicité de λ.

2. Si E est de dimension finie, il suffit de prouver, compte tenu du Corollaire 4, que $f - Id_E$ est injective, ou, ce qui revient au même, que

$$Ker(f - Id_E) = \{0_E\}.$$

L'inclusion $\{0_E\} \subset Ker(f - Id_E)$ étant évidente, il nous suffit de prouver que $Ker(f - Id_E) \subset \{0_E\}$.

Soit $x \in Ker(f - Id_E)$. Montrons que $x = 0_E$. On a $(f - Id_E)(x) = 0_E$, soit $f(x) - x = 0_E$ soit encore $f(x) = x$. Nous en déduisons que

$$f[f(x)] = f(x) = x, \text{ i.e. } (f \circ f)(x) = x. \tag{2.71}$$

Or, d'après la première question, il existe $\lambda \in K$, tel que $f \circ f = \lambda f$. La relation 2.71 s'écrit donc

$$\lambda f(x) = x. \tag{2.72}$$

Puisque $f(x) = x$, 2.72 s'écrit également $\lambda x = x$, soit encore

$$(\lambda - 1)x = 0_E.$$

L'hypothèse $\lambda \neq 1$ implique alors $x = 0_E$, ce qui prouve l'inclusion annoncée et finalement l'injectivité de $f - Id_E$. Nous pouvons donc en conclure que $f - Id_E$ est un automorphisme.

Exercice 55 *Soit E un espace vectoriel sur K de dimension 3 et soit g un endomorphisme de E tel que*

$$g \circ g \neq 0_{\mathcal{L}(E)} \quad \text{et} \quad g \circ g \circ g = 0_{\mathcal{L}(E)}.$$

1. *Montrer que $dim[Ker(g)] \neq 0$.*
2. *Montrer que $dim[Ker(g)] \neq 3$.*
3. *Montrer que $dim[Ker(g)] = 1$.*

Solution –

1. Raisonnons par l'absurde en supposant que $dim[Ker(g)] = 0$. Ceci implique que $Ker(g) = \{0_E\}$ et donc que g est injective. Dans ce cas, $g \circ g \circ g$ est également injective, ce qui contredit l'hypothèse selon laquelle $g \circ g \circ g = 0_{\mathcal{L}(E)}$. En effet $0_{\mathcal{L}(E)}$ n'est pas injective puisque $dim(E) = 3$. Nous pouvons donc affirmer que

$$dim[Ker(g)] \neq 0.$$

2. Raisonnons encore par l'absurde en supposant que $dim[Ker(g)] = 3$. Ceci implique que $Ker(g) = E$ et donc que g est l'application nulle. Mais alors, $g \circ g$ est aussi égale à l'application nulle, ce qui contredit l'hypothèse $g \circ g \neq 0_{\mathcal{L}(E)}$. Nous pouvons donc affirmer que

$$dim[Ker(g)] \neq 3.$$

3. D'après les questions précédentes, il nous suffit de montrer que

$$dim[Ker(g)] \neq 2.$$

Raisonnons par l'absurde en supposant que

$$dim[Ker(g)] = 2. \tag{2.73}$$

Remarquons que

$$Ker(g) \subset Ker(g \circ g). \tag{2.74}$$

En effet, si $x \in Ker(g)$, on a $g(x) = 0_E$, d'où

$$g[g(x)] = g(0_E) = 0_E, \text{ soit } (g \circ g)(x) = 0_E,$$

ce qui prouve que $x \in Ker(g \circ g)$. Par suite, si l'égalité 2.73 était satisfaite, on aurait

$$dim[Ker(g \circ g)] \geq 2.$$

Or $dim[Ker(g \circ g)] \neq 3$ puisque $g \circ g$ n'est pas l'application nulle par hypothèse. Par conséquent,

$$dim[Ker(g \circ g)] = 2,$$

et compte tenu de l'inclusion 2.74,

$$Ker(g) = Ker(g \circ g). \tag{2.75}$$

D'autre part, en vertu de l'hypothèse, pour tout $x \in E$ on a

$$(g \circ g \circ g)(x) = 0_E, \text{ soit } (g \circ g)[g(x)] = 0_E,$$

ce qui prouve que $g(x) \in Ker(g \circ g)$. Compte tenu de 2.29, nous en déduisons que pour tout $x \in E$, $g(x) \in Ker(g)$, soit $g[g(x)] = 0_E$. Ainsi, $g \circ g = 0_{\mathcal{L}(E)}$, ce qui est contraire à l'hypothèse. Par conséquent,

$$dim[Ker(g)] \neq 2.$$

Par suite,

$$dim[Ker(g)] = 1.$$

Exercice 56 *Soit E un espace vectoriel sur K, de dimension finie n, et soient f et g des endomorphismes de E*

1. *Montrer que*

$$dim[Ker(f \circ g)] \leq dim[Ker(f)] + dim[Ker(g)].$$

Indication - On pourra s'intéresser à la restriction de g au sous-espace vectoriel $Ker(f \circ g)$.

2. *En déduire* (l'Inégalité de SYLVESTER) [5]

$$rg(f \circ g) \geq rg(f) + rg(g) - n.$$

Solution –

1. Désignons par $\overline{g}$ la restriction de g au sous-espace vectoriel $Ker(f \circ g)$. Le théorème du rang appliqué à $\overline{g}$ permet d'écrire

$$dim[Ker(f \circ g)] = dim[Ker(\overline{g})] + dim[Im(\overline{g})]. \tag{2.76}$$

– Montrons que $Ker(\overline{g}) \subset Ker(g)$. En effet, si $x \in Ker(\overline{g})$, on a $\overline{g}(x) = 0_E$, d'où $g(x) = 0_E$. Donc $x \in Ker(g)$ et par suite $Ker(\overline{g}) \subset Ker(g)$. Ceci entraîne alors

$$dim[Ker(\overline{g})] \leq dim[Ker(g)]. \tag{2.77}$$

– Montrons ensuite que $Im(\overline{g}) \subset Ker(f)$. En effet, si $y \in Im(\overline{g})$, il existe $x \in Ker(f \circ g)$ tel que $y = \overline{g}(x)$ ou encore $y = g(x)$. Nous en déduisons, puisque $x \in Ker(f \circ g)$:

$$f(y) = f[g(x)] = (f \circ g)(x) = 0_E,$$

ce qui prouve que $y \in Ker(f)$ et donc que $Im(\overline{g}) \subset Ker(f)$. Ceci entraîne

$$dim[Im(\overline{g})] \leq dim[Ker(f)]. \tag{2.78}$$

L'égalité 2.76 et les inégalités 2.77 et 2.78 impliquent donc :

$$dim[Ker(f \circ g)] \leq dim[Ker(g)] + dim[Ker(f))]. \tag{2.79}$$

ce que nous voulions démontrer.

5. James Joseph SYLVESTER (1814 - 1897) - Mathématicien anglais, connu pour ses nombreux travaux dans le domaine de l'algèbre et de la géométrie.

2. Le théorème du rang appliqué à f, g et $f \circ g$ permet d'écrire

$$\begin{aligned} dim[Ker(f)] &= n - rg(f), \\ dim[Ker(g)] &= n - rg(g), \\ dim[Ker(f \circ g)] &= n - rg(f \circ g). \end{aligned}$$

L'inégalité 2.78 s'écrit alors

$$n - rg(f \circ g) \leq n - rg(f) + n - rg(g),$$

d'où nous déduisons aisément l'inégalité de SYLVESTER :

$$rg(f \circ g) \geq rg(f) + rg(g) - n.$$

Exercice 57 *1. Soient E, F et G des espaces vectoriels sur K de dimension finie. Soient f une application linéaire de E vers F et g une application linéaire de E vers G. Montrer que les assertions suivantes sont équivalentes :*

(a) $Ker(g) \subset Ker(f)$;

(b) il existe une application linéaire h, de G vers F, telle que l'on ait $f = h \circ g$.

2. Soient E, F et G des espaces vectoriels sur K de dimension finie. Soient f une application linéaire de F vers E et g une application linéaire de G vers E. Montrer que les assertions suivantes sont équivalentes :

(a) $Im(f) \subset Im(g)$;

(b) il existe une application linéaire k, de F vers G, telle que l'on ait

$$f = g \circ k.$$

Solution –

1. • Montrons que 1b implique 1a. Supposons qu'il existe h, de G vers F, telle que $f = h \circ g$, et soit $x \in Ker(g)$. On a :

$$g(x) = 0_G, \quad \text{d'où} \quad h[g(x] = h(0_G) = 0_F, \quad \text{soit} \quad (h \circ g)(x) = 0_F,$$

ce qui s'écrit, compte tenu de l'hypothèse, $f(x) = 0_F$. Par conséquent, $x \in Ker(f)$. On a donc bien

$$Ker(g) \subset Ker(f).$$

• Montrons que 1a implique 1b. Supposons que $Ker(g) \subset Ker(f)$. Il s'agit de construire une application linéaire h de G vers F, telle que l'on ait $f = h \circ g$.

– Commençons par construire h. D'après, la Proposition 19, le sous-espace vectoriel $Im(g)$ possède un supplémentaire dans G. Autrement dit, il existe un sous-espace vectoriel de G, que nous notons H, tel que
$$G = Im(g) \oplus H.$$
Soit $x \in G$. Il existe alors un unique couple $(b, c) \in Im(g) \times H$ tel que $x = b + c$. Comme $b \in Im(g)$, il existe $a \in E$ tel que $b = g(a)$. Posons alors $h(x) = f(a)$, et montrons que $h(x)$ ne dépend pas du choix de l'antécédent a de b par g, ce qui prouvera que la formule $h(x) = f(a)$ définit bien une application h de G vers F. En effet, si a' est un autre antécédent de b par g, on a
$$g(a) = g(a'), \text{ soit } g(a) - g(a') = 0_G \text{ ou encore } g(a - a') = 0_G,$$
ce qui prouve que $a - a' \in Ker(g)$ et donc que $a - a' \in Ker(f)$ en vertu de l'hypothèse. Par suite, $f(a - a') = 0_F$, soit encore $f(a) - f(a') = 0_F$ et finalement $f(a) = f(a')$.

– Montons que h est bien linéaire.
  – Soient $x, x' \in G$, $b, b' \in Im(g)$, $c, c' \in H$, tels que $x = b + c$ et $x' = b' + c'$, et soient $a, a' \in$ tels que $b = g(a)$, $b' = g(a')$. Alors, g et f étant des applications linéaires :
  $$x + x' = b + b' + c + c' = g(a) + g(a') + c + c' = g(a + a') + c + c',$$
  d'où, par définition de h,
  $$h(x + x') = f(a + a') = f(a) + f(a') = h(x) + h(x').$$
  – De plus, si $\lambda \in K$,
  $$\lambda x = \lambda b + \lambda c = \lambda g(a) + \lambda c = g(\lambda a) + \lambda c,$$
  d'où :
  $$h(\lambda x) = f(\lambda a) = \lambda f(a) = \lambda h(x).$$

– Enfin, pour tout $x \in G$ et par définition même de l'application h :
$$(h \circ g)(x) = h[g(x)] = f(x).$$

L'application h vérifie donc bien la relation $f = h \circ g$.

2. • Montrons que 2b implique 2a. Supposons qu'il existe k, de F vers G, telle que $f = g \circ k$, et soit $y \in Im(f)$. Il existe donc $x \in F$, tel que $y = f(x)$, ce qui s'écrit, compte tenu de l'hypothèse, $y = (g \circ k)(x)$ soit $y = g[k(x)]$, et montre que $y \in Im(g)$. On a donc bien
$$Im(f) \subset Im(g).$$

- Montrons que 2a implique 2b. Supposons que $Im(f) \subset Im(g)$. Il s'agit de construire une application linéaire k de F vers G, telle que l'on ait $f = g \circ k$.
  - Commençons par construire k. D'après la Proposition 19, le sous-espace vectoriel $Ker(g)$ possède un supplémentaire dans G. Autrement dit, il existe un sous-espace vectoriel de G, que nous notons K, tel que
$$G - Ker(g) \oplus K.$$
    Soit $x \in F$. Par conséquent, $f(x) \in Im(f)$, et compte tenu de l'hypothèse $Im(f) \subset Im(g)$, on a $f(x) \in Im(g)$. Il existe donc $t \in G$, tel que $f(x) = g(t)$. En utilisant maintenant le fait que $G = Ker(g) \oplus K$, il existe un unique couple $(y, z) \in Ker(g) \times K$ tel que $t = y + z$. Posons alors $k(x) = z$, et montrons que z ne dépend pas du choix de l'antécédent t de $f(x)$ par g, ce qui prouvera que la formule $h(x) = z$ définit bien une application de E vers F. En effet, si t' est un autre antécédent de $k(x)$ par g et si t' s'écrit $t' = y' + z'$, avec $(y', z') \in Ker(g) \times K$, nous avons
$$z - z' = t - t' - (y - y').$$
    Or, de $f(x) = g(t)$ et $f(x) = g(t')$, on déduit
$$g(t) = g(t') \text{ soit } g(t) - g(t') = 0_E \text{ ou encore } g(t - t') = 0_E,$$
    ce qui se traduit par $t - t' \in Ker(g)$. De plus, $y - y' \in Ker(g)$ puisque $Ker(g)$ est un sous-espace vectoriel. Nous en déduisons que $z - z' = t - t' - (y - y')$ appartient à $Ker(g)$. Mais on a aussi $z - z' \in K$ puisque K est un sous-espace vectoriel. En définitive, $z - z'$ est un élément de $Ker(g) \cap K$, et donc, compte tenu du fait que $G = Ker(g) \oplus K$, on a $z - z' = 0_G$, soit enfin $z = z'$.
  - Vérifions que k est bien linéaire.
    - Soient $x, x' \in F$, $t, t' \in G$, tels que $f(x) = g(t)$ et $f(x') = g(t')$. Soient $y, y' \in Ker(g)$, $z, z' \in K$, (uniques) tels que $t = y + z$ et $t' = y' + z'$. On a donc $k(x) = z$ et $k(x') = z'$. D'autre part, f et g étant des applications linéaires,
$$f(x + x') = f(x) + f(x') = g(t) + g(t') = g(t + t'),$$
      Or, $t + t' = y + y' + z + z'$, avec $y + y' \in Ker(g)$ et $z + z' \in K$. Donc par définition de k
$$k(x + x') = z + z' = k(x) + k(x').$$
    - De plus, si $\lambda \in K$,
$$f(\lambda x) = \lambda f(x) = \lambda g(t) = g(\lambda t),$$
      Or, $\lambda t = \lambda y + \lambda z$, donc $k(\lambda x) = \lambda z = \lambda k(x)$.

- Enfin, pour tout $x \in F$, si t est un élément de G tel que l'on ait $f(x) = g(t)$, et si $t = y + z$, avec $y \in Ker(g)$ et $z \in K$, on a

$$\begin{aligned} f(x) &= g(y+z) = g(y) + g(z) = 0_E + g(z) \\ &= g(z) = g[k(x)] = (g \circ k)(x). \end{aligned}$$

L'application k vérifie donc bien la relation $f = g \circ k$.

Exercice 58 *Soient E un espace vectoriel sur K, de dimension finie n, et u un endomorphisme de E que l'on suppose* nilpotent *(i.e. il existe $k \in \mathbb{N}$ tel que $u^k = \underbrace{u \circ u \circ ... \circ u}_{k \text{ fois}} = 0_{\mathcal{L}(E)}$).*

1. *Montrer que $u^n = 0_{\mathcal{L}(E)}$.*
2. *On pose*
$$v = Id_E + 2u + 3u^2 + ... + nu^{n-1}.$$
Montrer que v est un automorphisme de E et exprimer v^{-1} en fonction de u.
3. *Soient f et g des endomorphismes de E tels que $(f \circ g)^n = 0_{\mathcal{L}(E)}$. Montrer que $(g \circ f)^n = 0_{\mathcal{L}(E)}$.*

Solution –

1. Soit u un endomorphisme nilpotent de E. Puisque par définition l'ensemble $\{k \in \mathbb{N}; u^k = 0_{\mathcal{L}(E)}\}$ n'est pas vide, il possède un plus petit élément k_0.
   - Si $k_0 \leq n$, écrivons $n = k_0 + r$, où $r \geq 0$. On a alors
   $$u^n = u^{k_0+r} = u^{k_0} \circ u^r = 0_{\mathcal{L}(E)} \circ u^r = 0_{\mathcal{L}(E)},$$
   et le résultat est acquis.
   - Si $k_0 > n$, intéressons nous à u^{k_0-1}. Par définition de l'entier k_0, $u^{k_0-1} \neq 0_{\mathcal{L}(E)}$. Donc, il existe $x \in E$, $x \neq 0_E$, tel que $u^{k_0-1}(x) \neq 0_E$. Considérons alors la partie
   $$L = \{x, u(x), u^2(x), ...u^{k_0-1}(x)\} \subset E.$$
   Elle possède exactement k_0 éléments. En effet, s'il existe un couple (i,j) d'entiers, tel que $0 \leq i < j \leq k_0 - 1$,[6] vérifiant $u^i(x) = u^j(x)$, alors
   $$u^{k_0-j}[u^i(x)] = u^{k_0-j}[u^j(x)], \quad \text{soit} \quad u^{k_0-j+i} = u^{k_0}(x) = 0_E,$$

6. On adopte ici la convention habituelle $u^0 = Id_E$.

ce qui n'est pas possible puisque $k_0-j+i < k_0$. Les vecteurs de L sont donc bien deux à deux distincts. Or, par hypothèse, $dim(E) = n$, et puisque nous avons supposé que $k_0 > n$, L est une partie liée. Il existe donc des scalaires $\alpha_0, \alpha_1, ..., \alpha_{k_0-1}$, non tous nuls, tels que

$$\alpha_0 x + \alpha_1 u(x) + ... + \alpha_{k_0-1} u^{k_0-1}(x) = 0_E. \qquad (2.80)$$

Désignons par i_0 le plus petit indice $(0 \leq i_0 \leq k_0-1)$ tel que $\alpha_{i_0} \neq 0$. L'égalité 2.80 s'écrit

$$\alpha_{i_0} u^{i_0}(x) + \alpha_{i_0+1} u^{i_0+1}(x) + ... + \alpha_{k_0-1} u^{k_0-1}(x) = 0_E, \qquad (2.81)$$

d'où en composant par $u^{k_0-i_0-1}$,

$$\alpha_{i_0} u^{k_0-1}(x) + \alpha_{i_0+1} u^{k_0}(x) + ... + \alpha_{k_0-1} u^{2k_0-i_0-2}(x)] = u^{k_0-i_0-1}(0_E),$$

soit finalement,

$$\alpha_{i_0} u^{k_0-1}(x) = 0_E$$

puisque pour $k \geq k_0, u^k(x) = 0$). Or, $\alpha_{i_0} \neq 0$, donc nécessairement $u^{k_0-1}(x) = 0_E$, ce qui n'est pas compatible avec la définition de k_0. Ce résultat nous prouve donc qu'il est impossible de faire l'hypothèse $k_0 > n$. Ainsi, $k_0 \leq n$, et donc $u^n = 0_{\mathcal{L}(E)}$.

2. Soit $v = Id_E + 2u + 3u^2 + ... + nu^{n-1}$. En composant à droite par $Id_E - u$, il vient, tous calculs faits :

$$v \circ (Id_E - u) = Id_E + u + u^2 + ... + u^{n-1} - nu^n,$$

soit, puisque $u^n = 0_{\mathcal{L}(E)}$, $v \circ (Id_E - u) = Id_E + u + u^2 + ... + u^{n-1}$.

Composons de nouveau à droite par $Id_E - u$. On obtient :

$$v \circ (Id_E - u)^2 = (Id_E + u + u^2 + ... + u^{n-1}) \circ (Id_E - u) = Id_E - u^n = Id_E,$$

ce qui montre que v possède un inverse à droite pour la loi $\circ$, autrement dit que v est une application surjective, donc bijective d'après le Corollaire 4. Finalement, v est un automorphisme et

$$v^{-1} = (Id_E - u)^2.$$

3. Soient f et g des endomorphismes de E tels que $(f \circ g)^n = 0_{\mathcal{L}(E)}$. En composant à gauche par g et à droite par f, il vient

$$g \circ (f \circ g)^n \circ f = g \circ 0_{\mathcal{L}(E)} \circ f = 0_{\mathcal{L}(E)},$$

soit encore $(g \circ f)^{n+1} = 0_{\mathcal{L}(E)}$, ce qui prouve que $g \circ f$ est un endomorphisme nilpotent de E. Par application du résultat prouvé dans la première question, nous pouvons conclure à $(g \circ f)^n = 0_{\mathcal{L}(E)}$.

Exercice 59 *Soient E un espace vectoriel sur K, de dimension finie n, et u un automorphisme de E. Montrer que u^{-1} est une fonction polynomiale de u.*

Solution – Soit u un automorphisme de E. Considérons la famille[7]

$$(Id_E, u, u^2, ..., u^{n^2}).$$

S'il existe un couple (i, j) d'entiers, tel que $0 \leq i < j \leq n^2$, vérifiant $u^i(x) = u^j(x)$, il est clair que cette famille est liée. Si, au contraire, les automorphismes u^i $(0 \leq i < j \leq n^2)$ sont deux à deux distincts, l'ensemble $\{Id_E, u, u^2, ..., u^{n^2}\}$ possède exactement $n^2 + 1$ éléments, et la famille $(Id_E, u, u^2, ..., u^{n^2})$ est également une famille liée d'éléments de $\mathcal{L}(E)$ puisque la dimension de $\mathcal{L}(E)$ est n^2. Par suite, il existe des scalaires $\alpha_0, \alpha_1, ..., \alpha_{n^2}$, non tous nuls, tels que

$$\alpha_0 Id_E + \alpha_1 u + \alpha_2 u^2 + ... + \alpha_{n^2} u^{n^2} = 0_{\mathcal{L}(E)}. \tag{2.82}$$

Désignons par i_0 le plus petit indice $(0 \leq i_0 \leq n^2)$ tel que $\alpha_{i_0} \neq 0$. L'égalité 2.82 s'écrit

$$\alpha_{i_0} u^{i_0} + \alpha_{i_0+1} u^{i_0+1} + ... + \alpha_{n^2} u^{n^2} = 0_{\mathcal{L}(E)}. \tag{2.83}$$

d'où en composant par $(u^{-1})^{i_0} = u^{-i_0}$,

$$\alpha_{i_0} Id_E + \alpha_{i_0+1} u + ... + \alpha_{n^2} u^{n^2 - i_0} = 0_{\mathcal{L}(E)},$$

Nous en déduisons, puisque $\alpha_{i_0} \neq 0$,

$$Id_E = -\frac{\alpha_{i_0+1}}{\alpha_{i_0}} u - ... - \frac{\alpha_{n^2}}{\alpha_{i_0}} u^{n^2 - i_0},$$

soit

$$Id_E = u \circ (-\frac{\alpha_{i_0}}{\alpha_{i_0}} u - ... - \frac{\alpha_{n^2}}{\alpha_{i_0}} u^{n^2 - i_0 - 1}),$$

ce qui montre que $-\frac{\alpha_{i_0}}{\alpha_{i_0}} u - ... - \frac{\alpha_{n^2}}{\alpha_{i_0}} u^{n^2 - i_0 - 1}$ est un inverse à droite de u pour la loi $\circ$, et il est clair que c'est aussi un inverse à gauche. Donc,

$$u^{-1} = -\frac{\alpha_{i_0}}{\alpha_{i_0}} u - ... - \frac{\alpha_{n^2}}{\alpha_{i_0}} u^{n^2 - i_0 - 1},$$

et c'est visiblement une fonction polynomiale de u, d'où le résultat annoncé.

7. On rappelle l'on pose $u^0 = Id_E$, et que pour $k \in \mathbb{N}, k \geq 1$, u^k désigne l'automorphisme $\underbrace{u \circ u \circ ... \circ u}_{k \text{ fois}}$.

Exercice 60 *Soit E un espace vectoriel sur K, de dimension finie n, $n \geq 1$, et soit f un endomorphisme de E. On pose :*

$$f^0 = Id_E \quad \text{et pour} \quad k \in \mathbb{N}, k \geq 1, \quad f^k = f^{k-1} \circ f.$$

On suppose que :

$$f^{n-1} \neq 0_{\mathcal{L}(E)} \textit{ et } f^n = 0_{\mathcal{L}(E)}.$$

Déterminer le rang de f

Solution –

- Remarquons déjà que $rg(f) \leq n-1$. En effet, raisonnons par l'absurde en supposant que $rg(f) = n$. L'application f est alors bijective (*cf.* Corollaire 4) et puisque le composé de bijections est encore une bijection, nous sommes en contradiction avec l'hypothèse $f^n = 0_{\mathcal{L}(E)}$, puisque $n \geq 1$. Donc, $rg(f) \leq n-1$.
- Montrons que $rg(f) = n-1$. L'hypothèse $f^{n-1} \neq 0_{\mathcal{L}(E)}$ assure l'existence d'un élément $x \in E$, $x \neq 0$, tel que $f^{n-1}(x) \neq 0_E$. Considérons alors la partie
$$L = \{x, f(x), f^2(x), ..., f^{n-1}(x)\}$$
et montrons que c'est une base de E.
  - Montrons d'abord que L est libre. Pour ce faire, raisonnons par l'absurde en supposant que c'est une partie liée. Il existe alors des scalaires $\alpha_0, \alpha_1, ..., \alpha_{n-1}$, non tous nuls, tels que
$$\alpha_0 x + \alpha_1 f(x) + \alpha_2 f^2(x) + ... + \alpha_{n-1} f^{n-1}(x) = 0_E. \tag{2.84}$$
Désignons par i_0 le plus petit indice ($0 \leq i_0 \leq n^2$) tel que $\alpha_{i_0} \neq 0$. L'égalité 2.84 s'écrit
$$\alpha_{i_0} f^{i_0}(x) + \alpha_{i_0+1} f^{i_0+1}(x) + ... + \alpha_{n-1} u^{n-1}(x) = 0_E. \tag{2.85}$$
Nous en déduisons, en prenant l'image par f^{n-i_0-1} :
$$f^{n-i_0-1}[\alpha_{i_0} f^{i_0}(x) + \alpha_{i_0+1} f^{i_0+1}(x) + ... + \alpha_{n-1} f^{n-1}(x)] = f^{n-i_0-1}(0_E),$$
soit
$$\alpha_{i_0} f^{n-1}(x) + \alpha_{i_0+1} f^n(x) + ... + \alpha_{n-1} f^{2n-i_0-2}(x)] = 0_E.$$
Puisque pour $k \geq n$, $f^k(x) = 0_E$, cette égalité se réduit finalement à $\alpha_{i_0} f^{n-1}(x) = 0_E$, ce qui implique $f^{n-1}(x) = 0_E$. Nous sommes en contradiction avec l'hypothèse faite sur x, et par conséquent L est une partie libre.

– La partie L possède exactement n éléments et $dim(E) = n$. Il en résulte que la partie L est une base de E.

La partie L est donc en particulier une partie génératrice de E. Par suite $f(L) = \{f(x), f^2(x), ..., f^{n-1}(x), 0_E\}$ est une partie génératrice de $Im(f)$ et il en est de même de $M = \{f(x), f^2(x), ..., f^{n-1}(x)\}$. Or, M est une partie libre, puisque elle est contenue dans L qui est une partie libre. Il en résulte que M est une base de $Im(f)$. Comme M possède $n-1$ éléments, $dim[Im(f)] = n-1$, et finalement

$$rg(f) = n - 1.$$

Exercice 61 *Soit E un espace vectoriel sur K, de dimension finie n, et soit f un endomorphisme de E. On pose :*

$$f^0 = Id_E \quad \text{et pour} \quad k \geq 1, \quad f^k = f^{k-1} \circ f.$$

1. *Montrer que, pour $k \geq 0$:*

$$Ker(f^k) \subset Ker(f^{k+1}) \text{ et } Im(f^{k+1}) \subset Im(f^k).$$

2. *Montrer qu'il existe un entier $p \geq 0$, tel que*
   (a) – *pour $k < p$, on ait $Ker(f^k) \neq Ker(f^{k+1})$,*
   – *pour $k \geq p$, on ait $Ker(f^k) = Ker(f^{k+1})$;*
   (b) – *pour $k < p$, on ait $Im(f^k) \neq Im(f^{k+1})$,*
   – *pour $k \geq p$, on ait $Im(f^k) = Im(f^{k+1})$.*
3. *Montrer que*

$$E = Ker(f^p) \oplus Im(f^p).$$

Solution –

1. • Montrons que pour $k \geq 0$, $Ker(f^k) \subset Ker(f^{k+1})$. Soit $x \in Ker(f^k)$. On a donc $f^k(x) = 0_E$, d'où

$$f[f^k(x)] = f(0_E), \quad \text{soit} \quad f^{k+1}(x) = 0_E,$$

ce qui prouve que $x \in Ker(f^{k+1})$, et donc que

$$Ker(f^k) \subset Ker(f^{k+1}).$$

• Montrons que pour $k \geq 0$, $Im(f^{k+1}) \subset Im(f^k)$. Soit $y \in Im(f^{k+1})$. Il existe donc $x \in E$ tel que

$$y = f^{k+1}(x), \quad \text{soit} \quad y = f^k[f(x)],$$

ce qui prouve que $y \in Im(f^k)$ et donc que

$$Im(f^{k+1}) \subset Im(f^k).$$

2. (a) Pour $k \geq 0$, posons $n_k = dim[Ker(f^k)]$. En utilisant l'inclusion $Ker(f^k) \subset Ker(f^{k+1})$, nous obtenons $n_k \leq n_{k+1}$. La suite $(n_k)_{k \geq 0}$ est donc une suite croissante d'entiers naturels, telle que pour tout $k \geq 0$, $n_k \leq n$. Il en résulte que cette suite ne prend qu'un nombre fini de valeurs, *i.e.* il existe des entiers naturels r tels que $n_r = n_{r+1}$, ce qui implique

$$Ker(f^r) = Ker(f^{r+1})$$

(puisque $Ker(f^r) \subset Ker(f^{r+1})$).

- Désignons par p le plus petit de ces entiers. Pour $k < p$, on a alors $n_k \neq n_{k+1}$ (par définition même de p), d'où

$$Ker(f^k) \neq Ker(f^{k+1}).$$

- Il reste à prouver que pour $k \geq p$, on a $Ker(f^k) = Ker(f^{k+1})$. Nous allons le faire par récurrence sur $k \geq p$.
  - Pour $k = p$, on a $Ker(f^p) = Ker(f^{p+1})$ (par définition de p).
  - Supposons (hypothèse de récurrence), que pour $k \geq p$, nous ayons $Ker(f^k) = Ker(f^{k+1})$, et montrons que ceci entraîne $Ker(f^{k+1}) = Ker(f^{k+2})$.
    Nous savons déjà que $Ker(f^{k+1}) \subset Ker(f^{k+2})$. Inversement, soit $x \in Ker(f_{k+2})$. On a donc

$$f^{k+2}(x) = 0_E, \quad \text{soit} \quad f^{k+1}[f(x)] = 0_E,$$

ce qui signifie que $f(x) \in Ker(f^{k+1})$ et donc, compte tenu de l'hypothèse de récurrence que $f(x) \in Ker(f^k)$. Par suite,

$$f^k[f(x)] = 0_E, \quad \text{soit} \quad f^{k+1}(x) = 0_E.$$

Finalement, $x \in Ker(f^{k+1})$, d'où $Ker(f^{k+2}) \subset Ker(f^{k+1})$, ce qui prouve bien que $Ker(f^{k+1}) = Ker(f^{k+2})$ et achève notre récurrence. Donc, pour tout $k \geq p$:

$$Ker(f^k) = Ker(f^{k+1}).$$

(b) Le théorème du rang permet d'écrire, pour tout entier $k \geq 0$:

$$dim[Im(f^k)] = n - dim[Ker(f^k)] = n - n_k. \tag{2.86}$$

Nous savons que, pour $k < p$, $n_k \neq n_{k+1}$. Compte tenu de 2.86, nous avons donc $dim[Im(f^k)] \neq dim[Im(f^{k+1})]$. D'autre part, $Im(f^{k+1}) \subset Im(f^k)$, donc nécessairement,

$$Im(f^{k+1}) \neq Im(f^k).$$

En outre, nous savons également que pour $k \geq p$, nous avons $Ker(f^k) = Ker(f^{k+1})$. Donc, $n_k = n_{k+1}$ ce qui implique (*cf.* 2.86)

$$dim[Im(f^k)] = dim[Im(f^{k+1})].$$

L'inclusion $Im(f^{k+1}) \subset Im(f^k)$ entraîne alors

$$Im(f^{k+1}) = Im(f^k).$$

3. • Montrons tout d'abord que $Ker(f^p) \cap Im(f^p) = \{0_E\}$. L'inclusion $\{0_E\} \subset Ker(f^p) \cap Im(f^p)$ est évidente. Inversement, si x est élément de $Ker(f^p) \cap Im(f^p)$, en particulier $x \in Im(f^p)$, donc il existe $t \in E$ tel que $x = f^p(t)$ et comme $x \in Ker(f^p)$, on a $f^p(x) = 0_E$, soit

$$f^p([f^p(t)] = 0_E \quad \text{soit encore} \quad f^{2p}(t) = 0_E.$$

Par suite, $t \in Ker(f^{2p})$. Or, d'après les résultats prouvés en 2a, $Ker(f^{2p}) = Ker(f^p)$. Donc $f^p(t) = 0_E$, soit $x = 0_E$. Nous avons donc $Ker(f^p) \cap Im(f^p) \subset \{0_E\}$ et finalement,

$$Ker(f^p) \cap Im(f^p) = \{0_E\}.$$

• Montrons ensuite que $E = Ker(f^p) + Im(f^p)$. Il est évident que l'inclusion $Ker(f^p) + Im(f^p) \subset E$ est vérifiée. Inversement, si $x \in E$, $f^p(x) \in Im(f^p)$. Or, d'après 2b, $Im(f^p) = Im(f^{2p})$, donc il existe $t \in E$ tel que

$$f^p(x) = f^{2p}(t) = f^p[f^p(t)], \quad \text{d'où} \quad f^p[x - f^p(t)] = 0_E.$$

Par suite, $x - f^p(t) \in Ker(f^p)$, et il suffit d'écrire

$$x = [x - f^p(t)] + f^p(t),$$

pour affirmer que $x \in Ker(f^p) + Im(f^p)$. Nous avons donc prouvé que $E \subset Ker(f^p) + Im(f^p)$, et finalement que

$$E = Ker(f^p) + Im(f^p).$$

Pour conclure :

$$E = Ker(f^p) \oplus Im(f^p).$$

Exercice 62 *Soit E un espace vectoriel sur K, de dimension finie n. On considère des endomorphismes de E, $u_1, u_2, ..., u_k$, tels que :*

$$(a) \quad u_1 + u_2 + ... + u_k = Id_E \quad \text{et} \quad (b) \quad rg(u_1) + rg(u_2) + ... + rg(u_k) = n.$$

1. *Montrer que pour tout entier i, $1 \leq i \leq k$, :*

$$Ker(u_i) = \sum_{j \neq i} Im(u_j).$$

2. *En déduire que pour tous entiers i et j, $1 \leq i, j \leq k$:*

$$u_i \circ u_i = u_i, \quad \text{et si} \quad i \neq j, \quad u_i \circ u_j = 0_{\mathcal{L}(E)}.$$

Solution –

1. Soit $i \in \mathbb{N}$, $1 \leq i \leq k$, et soit $x \in Ker(u_i)$. En vertu de l'hypothèse (a), nous avons

$$u_1(x) + u_2 x) + ... + u_{i-1}(x) + u_i(x) + u_{i+1}(x) + ... + u_k(x) = Id_E(x),$$

soit puisque $u_i(x) = 0_E$,

$$u_1(x) + u_2 x) + ... + u_{i-1}(x) + u_{i+1}(x) + ... + u_k(x) = x.$$

Il est alors clair que

$$x \in \sum_{j \neq i} Im(u_j), \quad \text{et donc que} \quad Ker(u_i) \subset \sum_{j \neq i} Im(u_j). \qquad (2.87)$$

Nous en déduisons que

$$dim[Ker(u_i)] \leq dim[\sum_{j \neq i} Im(u_j)]. \qquad (2.88)$$

D'autre part, nous savons que

$$dim[\sum_{j \neq i} Im(u_j)] \leq \sum_{j \neq i} dim[Im(u_j)] = \sum_{j \neq i} rg(u_j),$$

soit encore, d'après l'hypothèse (b),

$$dim[\sum_{j \neq i} Im(u_j)] \leq n - rg(u_i). \qquad (2.89)$$

Or, le théorème du rang permet d'écrire, pour tout $i \in \mathbb{N}$, $1 \leq i \leq k$,

$$dim[Ker(u_i)] = n - rg(u_i).$$

L'inégalité 2.89 s'écrit donc

$$dim[\sum_{j \neq i} Im(u_j)] \leq dim[Ker(u_i)].$$

En tenant compte de 2.88, nous obtenons

$$dim[Ker(u_i)] = dim[\sum_{j\neq i} Im(u_j)]. \tag{2.90}$$

Par suite, en se souvenant de l'inclusion 2.87, nous avons bien

$$Ker(u_i) = \sum_{j\neq i} Im(u_j).$$

2. Soient $i \in \mathbb{N}$, tel que $1 \leq i \leq k$, et soit $x \in E$.
   - Si j est un entier tel que $1 \leq j \leq k$, $j \neq i$, alors, pour tout $x \in E$:

   $$u_j(x) \in \sum_{j\neq i} Im(u_j) = Ker(u_i).$$

   Il en résulte que $u_i[u_j(x)] = 0_E$, et donc $u_i \circ u_j = 0_{\mathcal{L}(E)}$.
   - D'autre part, compte tenu de l'hypothèse (a),

   $$u_i = Id_E - \sum_{j\neq i} u_j, \quad \text{d'où} \quad u_i \circ u_i = u_i \circ [Id_E - \sum_{j\neq i} u_j] = u_i - \sum_{j\neq i} u_i \circ u_j.$$

   Or, nous venons de prouver que si $j \neq i$, $u_i \circ u_j = 0_{\mathcal{L}(E)}$. Par conséquent, $u_i \circ u_i = u_i$.

On remarquera que des endomorphismes de E, $u_1, u_2, ..., u_k$ vérifiant les hypothèses (a) et (b) sont des projecteurs.

Exercice 63 *Soit E un espace vectoriel sur K, de dimension finie $n \geq 2$ et soit f un endomorphisme de E qui commute avec tout automorphisme de E.*[8]

1. *Montrer que si $\{x, y\}$ est une partie libre de E, il existe un automorphisme u de E tel que*

   $$u(x) = x \quad \text{et} \quad u(y) = x + y.$$

2. *Soit $a \in E$. Montrer que $\{a, f(a)\}$ est une partie liée.*
3. *Utiliser ce qui précède pour déterminer le centre de l'anneau $(\mathcal{L}(E), +, \circ)$ c'est-à-dire l'ensemble des éléments de $\mathcal{L}(E)$ qui commutent avec tous les éléments de $\mathcal{L}(E)$.*

---

8. Ceci signifie que pour tout automorphisme u, $u \circ f = f \circ u$.

Solution –

1. La partie $\{x, y\}$ étant libre, le théorème de la base incomplète (*cf.* Théorème 1) nous affirme qu'il existe $n-2$ vecteurs de E, que l'on notera $e_3, ..., e_n$, tels que $\{x, y, e_3, ..., e_n\}$ constitue une base de E. Considérons alors l'unique application linéaire u, de E vers E, définie par la donnée des images des vecteurs de la base $\{x, y, e_3, ..., e_n\}$, en posant :

$$u(x) = x, \quad u(y) = x + y, \quad u(e_3) = e_3, ..., u(e_n) = e_n.$$

Pour montrer que u est bijective, nous allons prouver que $rg(u) = n$, (*cf.* Corollaire 4). autrement dit que $dim[Im(u)] = n$.

- Le sous-espace $Im(u)$ est engendré par $\{u(x), u(y), u(e_3), ..., u(e_n)\}$, c'est-à-dire, compte tenu de la définition de u, par $\{x, x+y, e_3, ..., e_n\}$.
- Montrons que cette partie génératrice de $Im(u)$ est également une partie libre. Soient $\lambda_1, \lambda_2, \lambda_3, ..., \lambda_n$, des scalaires vérifiant

$$\lambda_1 x + \lambda_2(x + y) + \lambda_3 e_3 + ... + \lambda_n e_n = 0_E,$$

soit

$$(\lambda_1 + \lambda_2)x + \lambda_2 y + \lambda_3 e_3 + ... + \lambda_n e_n = 0_E.$$

Puisque $\{x, y, e_3, ..., e_n\}$ est une base de E, c'est une partie libre, et donc

$$\lambda_1 + \lambda_2 = 0, \ \lambda_2 = 0, \ \lambda_3 = 0, ..., \lambda_n = 0.$$

Il est alors clair que $\lambda_1 = 0$, ce qui prouve bien que $\{x, x+y, e_3, ..., e_n\}$ est une partie libre.

C'est donc une base de $Im(u)$, qui possède n éléments. On a donc bien $dim[Im(u)] = n$, ce qui implique que u est bijective. Finalement, u est bien un automorphisme de E répondant à la question posée.

2. Soit $a \in E$. Pour montrer que $\{a, f(a)\}$ est une partie liée, raisonnons par l'absurde en supposant que $\{a, f(a)\}$ est une partie libre. D'après la première question, il existe un automorphisme u de E, qui commute avec tout endomorphisme et tel que

$$u(a) = a, \quad \text{et} \quad u[f(a)] = a+f(a) \quad \text{soit} \quad (u \circ f)(a) = a+f(a). \tag{2.91}$$

Nous en déduisons

$$f[u(a)] = f(a) \quad \text{soit} \quad (f \circ u)(a) = f(a). \tag{2.92}$$

Or, $u \circ f = f \circ u$. Les relations 2.91 et 2.92 impliquent alors

$$a + f(a) = f(a), \quad \text{d'où l'on déduit} \quad a = 0_E,$$

ce qui n'est pas possible puisque $\{a, f(a)\}$ est supposée être une partie libre. Finalement, pour tout $a \in E$, $\{a, f(a)\}$ est liée.

3. Nous allons démontrer que le centre $\mathcal{Z}$ de l'anneau $(\mathcal{L}(E), +, \circ)$ n'est autre que l'ensemble $\mathcal{H}$ des homothéties de E.
   - Il est facile de voir que $\mathcal{H} \subset \mathcal{Z}$. En effet, soit h une homothétie de rapport λ, et soit f un endomorphisme de E. Pour tout $x \in E$, on a :
   $$(h \circ f)(x) = h[f(x)] = \lambda f(x) = f(\lambda x) = f[h(x)] = (f \circ h)(x),$$
   d'où $h \circ f = f \circ h$ et par conséquent $h \in \mathcal{Z}$. Donc, $\mathcal{H} \subset \mathcal{Z}$.
   - Inversement, si $g \in \mathcal{Z}$, en particulier g commute avec tout automorphisme de E et compte tenu de ce qui précède, pour tout $a \in E$, la partie $\{a, g(a)\}$ est liée. Il en résulte que si $\{e_1, e_2, ..., e_n\}$ est une base de E, il existe des scalaires $\lambda_1, \lambda_2, ..., \lambda_n$, vérifiant
   $$g(e_1) = \lambda_1 e_1, \quad g(e_2) = \lambda_2 e_2, \quad ... \quad g(e_n) = \lambda_n e_n. \tag{2.93}$$
   De même, $\{e_1 + e_2, g(e_1 + e_2)\}$ est liée et il existe $\lambda_{1,2} \in K$ tel que
   $$g(e_1 + e_2) = \lambda_{1,2}(e_1 + e_2), \quad \text{soit} \quad g(e_1) + g(e_2) = \lambda_{1,2}e_1 + \lambda_{1,2}e_2.$$
   Nous en déduisons, compte tenu de de 2.93
   $$\lambda_1 e_1 + \lambda_2 e_2 = \lambda_{1,2}e_1 + \lambda_{1,2}e_2, \quad \text{soit} \quad (\lambda_1 - \lambda_{1,2})e_1 + (\lambda_2 - \lambda_{1,2})e_2 = 0_E.$$
   Puisque $\{e_1, e_2\}$ est une partie libre, ceci implique
   $$\lambda_1 - \lambda_{1,2} = 0 \quad \text{et} \quad \lambda_2 - \lambda_{1,2} = 0, \quad \text{d'où} \quad \lambda_1 = \lambda_2 = 0.$$
   On démontrerait de même que $\lambda_2 = \lambda_3$,...,$\lambda_{n-1} = \lambda_n$. Finalement,
   $$\lambda_1 = \lambda_2 = \lambda_3 = ... = \lambda_n.$$
   Si x est un élément de E qui s'écrit $x = \xi_1 e_1 + \xi_2 e_2 + ... + \xi_n e_n$, alors,
   $$\begin{aligned} g(x) &= g(\xi_1 e_1 + \xi_2 e_2 + ... + \xi_n e_n) \\ &= \xi_1 g(e_1) + \xi_2 g(e_2) + ... + \xi_n g(e_n) \\ &= \xi_1 \lambda_1 e_1 + \xi_2 \lambda_1 e_2 + ... + \xi_n \lambda_1 e_n \\ &= \lambda_1(\xi_1 e_1 + \xi_2 e_2 + ... + \xi_n e_n) = \lambda_1 x. \end{aligned}$$
   Ce calcul montre que g est une homothétie de rapport λ_1, et donc que $g \in \mathcal{H}$. Par suite, $\mathcal{Z} \subset \mathcal{H}$.

   En définitive, $\mathcal{Z} = \mathcal{H}$.

Exercice 64 *Soient E et F des espaces vectoriels sur K, de dimension finie. On suppose que $dim(E) = n$ et $dim(F) = p$. On désigne par H un sous-espace vectoriel de E, de dimension k et on pose :*
$$\mathcal{H} = \{f \in \mathcal{L}(E, F); H \subset Ker(f)\}.$$

1. *Montrer que $\mathcal{H}$ est un sous-espace vectoriel de $\mathcal{L}(E, F)$.*
2. *On désigne par M un supplémentaire de H dans E, et on note ϕ l'application de $\mathcal{H}$ vers $\mathcal{L}(M, F)$ qui à toute application f de $\mathcal{H}$ associe la restriction de f à M, i.e.*

$$\phi(f) = f_{|M}.$$

Montrer que ϕ est un isomorphisme d'espace vectoriel.

3. *En déduire la dimension de $\mathcal{H}$ (en fonction de n, p et k).*

Solution –

1. Montrons que $\mathcal{H}$ est un sous-espace vectoriel de $\mathcal{L}(E, F)$.
   - Tout d'abord, $\mathcal{H}$ n'est pas vide car $Ker(0_{\mathcal{L}(E,F)}) = E$, et par conséquent $H \subset Ker(0_{\mathcal{L}(E,F)})$ ce qui signifie que $0_{\mathcal{L}(E,F)} \in \mathcal{H}$.
   - Si f et g des éléments de $\mathcal{H}$, alors $H \subset Ker(f)$ et $H \subset Ker(g)$. Il en résulte que si $x \in H$, $f(x) = 0_F$ et $g(x) = 0_F$, d'où

   $$f(x) + g(x) = 0_F, \quad \text{soit} \quad (f + g)(x) = 0_F.$$

   Donc $x \in Ker(f + g)$, d'où $H \subset Ker(f + g)$ et par suite $f + g \in \mathcal{H}$.
   - Si de plus $\lambda \in K$, et si $x \in H$, on a aussi

   $$\lambda f(x) = 0_F, \quad \text{soit} \quad (\lambda f)(x) = 0_F.$$

   Donc $x \in Ker(\lambda f)$, d'où $H \subset Ker(\lambda f)$ et par suite $\lambda f \in \mathcal{H}$.

   Ainsi, $\mathcal{H}$ est un sous-espace vectoriel de $\mathcal{L}(E, F)$.
2. Désignons par M un supplémentaire de H dans E. On a donc

   $$E = H \oplus M \text{ et } dim(M) = n - k.$$

   Notons ϕ l'application de $\mathcal{H}$ vers $\mathcal{L}(M, F)$ qui à toute application f de $\mathcal{H}$ associe la restriction de f à M, *i.e.*

   $$\phi(f) = f_{|M}.$$

   Nous allons prouver que ϕ est un isomorphisme d'espace vectoriel.
   - La linéarité de ϕ est évidente. En effet, si f et g sont des éléments de $\mathcal{H}$, on a pour tout $t \in M$:

   $$\begin{aligned} &[\phi(f + g)](t) = (f + g)(t) = f(t) + g(t) \\ \text{et } &[(\phi(f) + \phi(g)](t) = [\phi(f)](t) + [\phi(g)](t) = f(t) + g(t), \end{aligned}$$

   ce qui prouve que

   $$\phi(f + g) = \phi(f) + \phi(g).$$

De plus, si $\lambda \in K$,

$$[\phi(\lambda f)](t) = (\lambda f)(t) = \lambda f(t)$$
$$\text{et} \quad [(\lambda\phi(f))](t) = \lambda[\phi(f)](t) = \lambda f(t),$$

ce qui prouve que

$$\phi(\lambda f) = \lambda\phi(f).$$

- Montrons que ϕ est injective, ou ce qui revient au même (*cf.* Proposition 28), que $Ker(\phi) = \{0_{\mathcal{H}}\}$. L'inclusion $\{0_{\mathcal{H}}\} \subset Ker(\phi)$ est évidente. Inversement, soit $f \in Ker(\phi)$. On a $\phi(f) = 0_{\mathcal{L}(M,F)}$, ce qui signifie que pour tout $t \in M$, $f(t) = 0_F$. Il nous faut prouver que $f = 0_{\mathcal{H}}$, c'est-à-dire que pour tout $x \in E$, on a $f(x) = 0_F$.

  Soit donc $x \in E$. Il existe alors $y \in H$ et $t \in M$, uniques, tels que $x = y + t$. Par suite,

$$f(x) = f(y+t) = f(y) + f(t) = f(y) + 0_F. \qquad (2.94)$$

  Or, $H \subset Ker(f)$ implique $f(y) = 0_F$, et finalement $f(x) = 0_F$. Il en résulte que $Ker(\phi) \subset \{0_{\mathcal{H}}\}$ et nous pouvons conclure à

$$Ker(\phi) = \{0_{\mathcal{H}}\}.$$

  L'application ϕ est donc bien injective.
- Montrons que ϕ est surjective. Soit $h \in \mathcal{L}(M, F)$. Il s'agit de déterminer une application $f \in \mathcal{H}$, telle que $\phi(f) = h$. Pour ce faire, désignons par $\{e_1, ..., e_k\}$ une base de H et $\{e_{k+1}, ..., e_n\}$ une base de M. Puisque H et M sont supplémentaires, $\{e_1, ..., e_r, e_{r+1}, ..., e_n\}$ est une base de E. Considérons alors l'unique application linéaire f, de E vers F, définie en posant :

$$f(e_1) = ... = f(e_k) = 0_F, \text{ et } f(e_{k+1}) = h(e_{k+1}), ..., f(e_n) = h(e_n).$$

  Il est clair que $H \subset Ker(f)$. En effet, si x est un élément de H qui s'écrit $x = \xi_1 e_1 + ... + \xi_k e_k$, on a par définition de f

$$f(x) = \xi_1 f(e_1) + ... + \xi_k f(e_k) = 0_F + ... + 0_F = 0_F,$$

  ce qui montre bien que $H \subset Ker(f)$. Il en résulte que $f \in \mathcal{H}$. Enfin, par définition de f, on a pour $t \in M$,

$$f(t) = h(t).$$

  D'autre part, par définition de ϕ, on a aussi pour $t \in M$,

$$[\phi(f)](t) = f(t).$$

  Par suite $\phi(f) = h$, ce qui montre que h possède f comme antécédent par ϕ. L'application ϕ est donc surjective.

En définitive ϕ est bijective. C'est donc un isomorphisme de $\mathcal{H}$ sur $\mathcal{L}(M, F)$.

3. Il résulte de la question précédente que les espaces vectoriels $\mathcal{H}$ et $\mathcal{L}(M, F)$ ont même dimension. Or, la Proposition 34 nous apprend que la dimension de l'espace vectoriel $\mathcal{L}(M, F)]$ est donnée par

$$dim[\mathcal{L}(M, F)] = (n - k)p.$$

Nous répondons donc à la question posée par

$$dim(\mathcal{H}) = (n - k)p.$$

Exercice 65 *Soit E un espace vectoriel sur K, de dimension finie n et soit f un endomorphisme de E. On note r le rang de f, et on pose :*

$$\mathcal{U} = \{g \in \mathcal{L}(E); f \circ g = g \circ f = 0_{\mathcal{L}(E)}\}.$$

1. *Montrer que $\mathcal{U}$ est un sous-espace vectoriel de $\mathcal{L}(E)$.*
2. (a) *On désigne par W un supplémentaire de $Im(f)$ dans E. Montrer que pour tout $g \in \mathcal{U}$, on définit une application linéaire $\phi(g)$, de W vers $Ker(f)$, en posant, pour tout $x \in W$,*

$$[\phi(g)](x) = g(x).$$

   (b) *Montrer que l'application ϕ, qui à tout élément $g \in \mathcal{U}$ associe l'application $\phi(g) \in \mathcal{L}(W, Ker(f))$ est un isomorphisme d'espace vectoriel.*
3. *En déduire la dimension de $\mathcal{U}$ (en fonction de n et de r).*

Solution –

1. Montrons que $\mathcal{U}$ est un sous-espace vectoriel de $\mathcal{L}(E)$.
   - Tout d'abord, $\mathcal{U}$ n'est pas vide car $0_{\mathcal{L}(E)} \in \mathcal{U}$.
   - Si g et h des éléments de $\mathcal{U}$, on a

$$f \circ g = g \circ f = 0_{\mathcal{L}(E)}, \quad \text{et} \quad f \circ h = h \circ f = 0_{\mathcal{L}(E)}.$$

   On en déduit

$$f \circ g + f \circ h = 0_{\mathcal{L}(E)}, \quad \text{soit} \quad f \circ (g + h) = 0_{\mathcal{L}(E)},$$

$$\text{et} \quad g \circ f + h \circ f = 0_{\mathcal{L}(E)}, \quad \text{soit} \quad (g + h) \circ f = 0_{\mathcal{L}(E)},$$

   ce qui montre que $g + h \in \mathcal{U}$.

- Si de plus $\lambda \in K$, on a aussi

$$\lambda(f \circ g) = 0_{\mathcal{L}(E)} \text{ soit } f \circ (\lambda g) = 0_{\mathcal{L}(E)},$$

$$\text{et } \lambda(g \circ f) = 0_{\mathcal{L}(E)} \text{ soit } (\lambda g) \circ f = 0_{\mathcal{L}(E)},$$

ce qui montre que $\lambda g \in \mathcal{U}$.

Ainsi, $\mathcal{U}$ est un sous-espace vectoriel de $\mathcal{L}(E)$.

2. (a) Désignons par W un supplémentaire de $Im(f)$ dans E. On a donc

$$E = Im(f) \oplus W \quad \text{et} \quad dim(W) = n - r.$$

Remarquons que si $g \in \mathcal{U}$, la relation $f \circ g = 0_{\mathcal{L}(E)}$ implique l'inclusion $Im(g) \subset Ker(f)$. Il en résulte que pour tout $g \in \mathcal{U}$, $g(x)$ est un élément de $Ker(f)$, ce qui prouve que l'application $\phi(g)$ définie dans l'énoncé[9] est bien une application de W vers $Ker(f)$. La linéarité de l'application $\phi(g)$ résulte immédiatement de celle de g.

(b) Compte tenu de ce qui précède, il est clair qu'en associant à tout élément g de $\mathcal{U}$ l'application $\phi(g)$, nous définissons ainsi une application ϕ de $\mathcal{U}$ vers $\mathcal{L}(W, Ker(f))$. Nous allons maintenant prouver que ϕ est un isomorphisme d'espace vectoriel.

- La linéarité de ϕ est évidente. En effet, si g et h des éléments de $\mathcal{U}$, on a pour tout $t \in W$:

$$[\phi(g+h)](t) = (g+h)(t) = g(t) + h(t),$$

et

$$[(\phi(g) + \phi(h)](t) = [\phi(g)](t) + [\phi(h)](t) = g(t) + h(t),$$

ce qui prouve que

$$\phi(g+h) = \phi(g) + \phi(h).$$

De plus, si $\lambda \in K$,

$$[\phi(\lambda g)](t) = (\lambda g)(t) = \lambda g(t),$$

et

$$[(\lambda\phi(g)](t) = \lambda[\phi(g)](t) = \lambda g(t),$$

ce qui prouve que

$$\phi(\lambda g) = \lambda\phi(g).$$

9. Le lecteur doit remarquer qu'il ne s'agit pas exactement de la restriction de g à W, qui est une application de W vers E, mais de l'application de W vers $Ker(f)$ qui a même graphe que cette restriction.

- Montrons que ϕ est injective, ou, ce qui revient au même (*cf.* Proposition 28), que $Ker(\phi) = \{0_{\mathcal{U}}\}$. L'inclusion $\{0_{\mathcal{U}}\} \subset Ker(\phi)$ est évidente. Inversement, soit $g \in Ker(\phi)$. Nous avons donc $\phi(g) = 0_{\mathcal{L}(W,Ker(f))}$, ce qui signifie que pour tout $t \in W$, $g(t) = 0_{Ker(f)}$. Il nous faut prouver que $g = 0_{\mathcal{U}}$, c'est-à-dire que pour tout $x \in E$, on a $g(x) = 0_E$.

  Soit donc $x \in E$. Il existe alors $y \in Im(f)$ et $t \in W$, uniques, tels que $x = y + t$. Par suite,

$$g(x) = g(y+t) = g(y) + g(t) = g(y) + 0_E = g(y). \qquad (2.95)$$

  Or, la relation $g \circ f = 0_{\mathcal{L}(E)}$ implique $Im(f) \subset Ker(g)$. On a donc $g(y) = 0_E$ et finalement $g(x) = 0_E$. Il en résulte que $Ker(\phi) \subset \{0_{\mathcal{U}}\}$ et nous pouvons conclure à

$$Ker(\phi) = \{0_{\mathcal{U}}\}.$$

  L'application ϕ est donc bien injective.
- Montrons que ϕ est surjective. Soit $k \in \mathcal{L}(W, Ker(f))$. Il s'agit de déterminer une application $g \in \mathcal{U}$, telle que $\phi(g) = k$. Pour ce faire, désignons par $\{e_1, ..., e_r\}$ une base de $Im(f)$ et $\{e_{r+1}, ..., e_n\}$ une base de W. Puisque $Im(f)$ et W sont supplémentaires, $\{e_1, ..., e_r, e_{r+1}, ..., e_n\}$ est une base de E. Considérons alors l'unique application linéaire g, de E vers E, définie en posant :

$$g(e_1) = ... = g(e_r) = 0_E,$$

  et

$$g(e_{r+1}) = k(e_{r+1}), ..., g(e_n) = k(e_n).$$

  Montrons que

$$f \circ g = g \circ f = 0_{\mathcal{L}(E)}.$$

  Si x est un élément de E qui s'écrit

$$x = \xi_1 e_1 + ... + \xi_r e_r + \xi_{r+1} e_{r+1} + ... + \xi_n e_n,$$

  on a par définition de g

$$\begin{aligned} g(x) &= \xi_1 g(e_1) + ... + \xi_r g(e_r) + \xi_{r+1} g(e_{r+1}) + ... + \xi_n g(e_n) \\ &= 0_E + ... + 0_E + \xi_{r+1} k(e_{r+1}) + ... + \xi_n k(e_n) \\ &= \xi_{r+1} k(e_{r+1}) + ... + \xi_n k(e_n). \end{aligned}$$

  Par suite,

$$f[g(x)] = \xi_{r+1} f[k(e_{r+1})] + ... + \xi_n f[k(e_n)].$$

Or, $k \in \mathcal{L}(W, Ker(f))$, donc

$$f[k(e_{r+1})] = ... = f[k(e_n)] = 0_E,$$

et par suite $f[g(x)] = 0_E$. On a donc

$$f \circ g = 0_{\mathcal{L}(E)}.$$

D'autre part,

$$f(x) = \xi_1 f(e_1) + ... + \xi_r f(e_r) + \xi_{r+1} f(e_{r+1}) + ... + \xi_n f(e_n).$$

Par suite,

$$g[f(x)] = \xi_1 g[f(e_1)] + ... + \xi_r g[f(e_r)] \\ + \xi_{r+1} g[f(e_{r+1})] + ... + \xi_n g[f(e_n)].$$

Or, par définition de g, on a $g(y) = 0_E$ pour tout $y \in Im(f)$. Donc,

$$f(e_1) = ... = f(e_n) = 0_E,$$

et par suite, $g[f(x)] = 0_E$. On a donc aussi

$$g \circ f = 0_{\mathcal{L}(E)},$$

et finalement $g \in \mathcal{U}$. Enfin, par définition de g, on a pour $t \subset W$,

$$g(t) = k(t).$$

D'autre part, par définition de ϕ, on a aussi pour $t \in W$,

$$[\phi(g)](t) = g(t).$$

Par suite $\phi(g) = k$, ce qui montre que k possède g comme antécédent par ϕ. L'application ϕ est donc surjective.

En définitive ϕ est bijective. C'est donc un isomorphisme de $\mathcal{U}$ sur $\mathcal{L}(W, Ker(f))$.

3. Il résulte de la question précédente que les espaces vectoriels $\mathcal{U}$ et $\mathcal{L}(W, Ker(f))$ ont même dimension. Or, par application de la Proposition 34,

$$dim[\mathcal{L}(W, Ker(f))] = (n-r)(n-r) = (n-r)^2.$$

Nous répondons donc à la question posée par

$$dim(\mathcal{U}) = (n-r)^2.$$

Index

Vous pouvez faire part de vos remarques,
critiques, suggestions
aux auteurs à cette adresse :

auteurs@cepadues.com

Achevé d'imprimer en France
en mars 2013 chez Messages SAS
111, rue Nicolas-Vauquelin • 31100 Toulouse
Tél. : 05 61 41 24 14 • Fax : 05 61 19 00 43
imprimerie@messages.fr